妙手生花
野口光的神奇衣物织补术

〔日〕野口 光　著　如鱼得水　译

hikaru noguchi
DARNING

darning
repair
make

河南科学技术出版社
· 郑州 ·

前言

祖父热衷于收集古玩、字画等艺术品，我自幼便被古色古香的东西包围。母亲是手工编织指导师，经常在拆旧毛衣时让我帮她缠线。父亲也以修理东西为乐，年轻时买的汽车一直开了40多年。我就是在这样的家庭环境中长大的。在女校上学时，教英语会话的英籍女教师香多拉女士曾经穿过缝补痕迹十分显眼的夏季连衣裙和夹克。为什么不买一件新的呢？我心存疑惑，但也觉得她的做法很潇洒，这或许就是我对织补术的最初感受吧。我19岁第一次去英国旅行，深切感受到“旧物的保存”和“新的价值观”并行的一种英国生活文化给人的亲切感，令人倍感闲适。后来，我来到伦敦并在这里生活了15年。

时代在变换，很快就到了和修补旧物相比，购买新品更划算的时代。在做设计师的25年间，每年都在做新设计、研发新产品，也对时尚和设计现场的各种矛盾心存疑问。就在那时，我邂逅了特意彰显修补痕迹的织补术，它解开了我心中疑惑。

织补术不像做其他手工艺作品那样以追求完成度为目的。在怀疑自己能不能做好时，就完成了。如果又破了，还可以继续在上面织补，零零散散的针迹带着一种别样的美感。心爱之物陪伴自己的时间越长，越耐人寻味，有着新物品所不具备的独特情感。

我的愿望是，让更多的东西物尽其用，最终让它们回归泥土。织补术可谓是“世间万象，执其一端”啊。

野口 光

目录

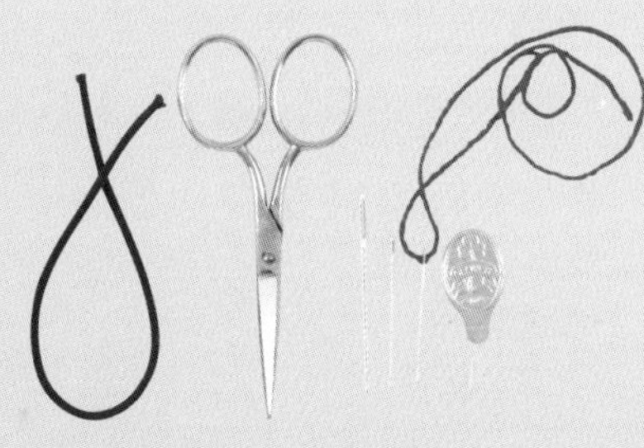

摄影/齐藤久美（C、D、E、H、正文图片）、野口　光（其他）

在英国邂逅织补术

那个时候，日本人还不曾听说过“织补术”。
英语原文的意思是缝补，是英国自古流传下来的技法，在家里就可以做，非常简单。

A、B/湖区的蕾切尔老家的风光。小木桥是建筑师父亲的杰作。C/蕾切尔的DIY织补毛衣大作。D、E/蕾切尔选择的颜色很鲜亮，颠覆了传统的修补概念。F/蕾切尔以前在东伦敦经营的店铺“Pick Your Finger”。G/店里除了毛线，还有许多各种手工艺工具、材料包。H/蕾切尔的手工艺工具收纳在一个文具袋中，携带方便。I/蕾切尔的父亲将暴风雨吹倒的树干、树枝用作薪柴和木工制作。J/分别做好织补蘑菇的头盖和手柄，组合在一起。K/蕾切尔的父亲正在做木器。

http://www.rachaelmatthews.co.uk/

F G H

在英国维多利亚时代，衣服是非常贵重的东西。平民所穿的衣服大部分都是家人手缝的，缝缝补补，反反复复穿。在博物馆的裁缝箱展示会上，看见被装饰得格外优美的织补工具时，就忽然理解了为什么那些生活优裕的中产阶级以上的人士也会把织补术作为一种家庭教养学习。第二次世界大战前后，物资匮乏，政府提倡过节俭的生活，限制在衣物上做装饰，推崇使用织补蘑菇对衣物进行修复。因此，跳蚤市场上，现在也可以见到年代久远的织补蘑菇。战时人们的裁缝箱中，织补蘑菇和专用小卷毛线就像常备药品一样必不可少。

在英国，给我很大冲击力的是，参观编织与纺织品研究家蕾切尔·马修经营的毛线店“Pick Your Finger”。我在店里第一次看见了织补蘑菇，蕾切尔现场给我讲解了这个工具的用法，并演示给我看。第6页的毛衣也是我在这里看到的，这件从量贩店入手的羊毛衫，是蕾切尔最得意的DIY大作。用色彩斑斓的毛线修复上面被钉子等挂坏的破洞，反复洗涤、穿着，现在已经基本看不见原来的样子了。织补术让这件普通的旧毛衣焕发出了新的生命力。一直以来，我对修补衣物的理解都是，“让它看起来和新买回来时一样”“不能让人看出缝补的痕迹”，而这种“特意展示修补痕迹”的针艺，是我闻所未闻、想所未想的，给我一种醍醐灌顶的感觉。

织补蘑菇是蕾切尔热爱木工的建筑师父亲将湖区自家大院里被风折断的粗树枝进行干燥、削切、打磨而成的。这种最大限度利用身边的东西的匠人精神，很令人佩服。

现在，以蕾切尔为首，西莉亚·皮姆、弗莱迪·罗宾斯、汤姆·赫兰德、艾米·特威格·霍尔罗伊德、木户早苗等一大批与织补术相关的艺术设计师及生活科学研究家在英国活跃着。

I J K

在织补工作场所

修补衣物对我来说，是极其日常的工作。场地，当然是在自己家里了。

我生活在南非的一座小城，周末以及长假的上午，孩子们在餐桌前学习时，我在旁边做织补（这里的“餐桌”和“织补”在原文中有谐音之妙），其实是为了“监视”他们学习。餐桌上有教科书、写字本、字典等，旁边还放着缝纫箱。从为学校经常举行的义卖会和慈善活动准备钩编小物开始，还要给家人的衣物钉上纽扣、缝补下摆等。因此，现在我的织补场地依然是家里的桌子。收纳线和工具的容器是绘有古色古香图案的盘子和银质点心钵，还有来自世界各地的浅筐、复古风情的小盆、饼干盒等，这些容器和餐桌的风格非常搭配。线材按材质分类，有马海毛线、羊毛线、金银丝线等，很简单。一些不方便分类的零线，装在点心盒里。我本来不是很擅长收纳整理的人，这种随心的收纳方式，还让我有幸发现一些意想不到的线材、色彩的组合方法。

大部分织补都会在几十分钟或者一小时以内完成。没有用到缝纫机，工具只有织补蘑菇、针、剪刀，非常方便。可以用日常生活中缝扣子的心情快速织补，也可以自由扩大织补范围。织补过程中可以放空心情，在完成时还可以充分享受到一种成就感。

织补和缝纽扣很像，即使没有按照书里说的“正确方法”去缝，基本上也会“随便缝缝就成了”。本书介绍了12种织补术，任何一种方法都没必要严格照着来，类似“缝着缝着就缝好了”的感觉就行。在不断重复的过程中，这些技法将成为你自己原创的织补术。

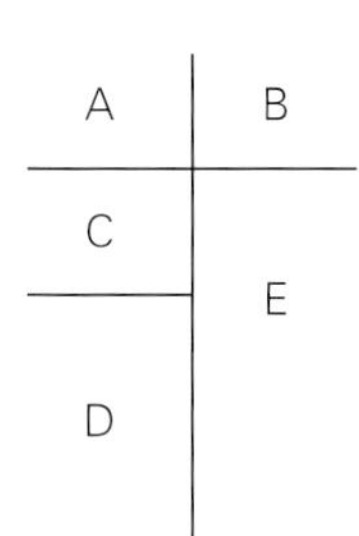

A/马海毛线有韧性、吸湿性好，被称作是动物纤维中的钻石。图中的马海毛线大部分产自我生活的南非，是我做织补时不可或缺的线材。B/色彩斑斓的毛线堆在一起，放在织补桌的一角。颜色和线材种类越多，越能激发人的创造力。C/这个筐里装的都是织补蘑菇。还有不是用来织补，仅仅作为装饰的蘑菇，但也可以派上用场。D/做织补时，哪怕只有几十分钟，也是心无他物。E/藤筐上放着刺绣线和一个常用的织补蘑菇，方便日常使用。

古色古香的织补蘑菇 vintage darning mushroom

参观欧洲的生活史博物馆等地时，在裁缝箱展示会上看见了织补蘑菇。这是现在经常可以在欧美跳蚤市场和古玩店中看到织补工具，不仅有蘑菇形状，还有贝壳、鸡蛋、棒棒糖等形状，以及补袜子用的和鞋子形状很像的木质袜子楦和补手套用的织补棒。每个织补工具上都残留有细微的划痕，看见时不禁感慨："是什么人怀着怎样的心情在用它做织补呢？"

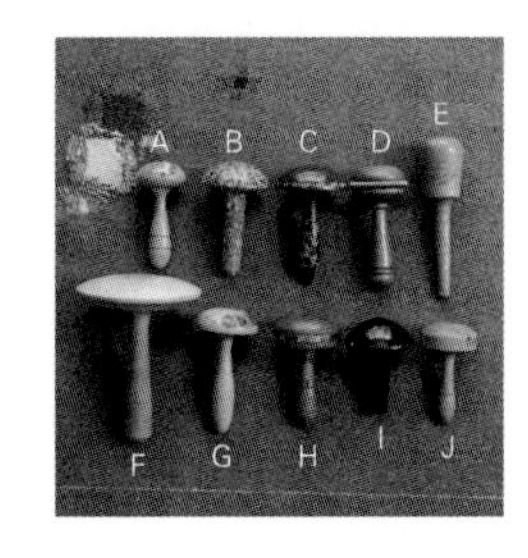

A/绘有玫瑰图案、手心大小的织补蘑菇。B/大理石纹样的塑料织补蘑菇，里面还可以收纳针线。C/手工雕刻的木制蘑菇。D/可以用上面的金属圈压住布料。E/袜子专用的织补棒。F/明明是厨房常用的压汁工具，博物馆却说它是织补蘑菇！G/花朵图案是亮点。H/和D相同，带金属环的织补工具。I/1950~1960年的塑料织补蘑菇。J/在跳蚤市场买的简单织补蘑菇。

原创的织补蘑菇 original darning mushroom

“想做出理想的织补蘑菇。”抱着这样的想法，我和八王子木工所一起试验了很多次，终于设计出这些织补蘑菇。看着讲习班中的初学者很别扭地用左手拿着织补蘑菇织补的样子，我决定设计一款可以立在桌子上的立式织补蘑菇。它的灵感来自我在非洲路边买的大号木制织补蘑菇，本来是用来修补大洞用的。织补小芥子是和宫城县小芥子娃娃手艺人联手设计的，另外一个织补蘑菇使用了岐阜大理石，这些具有日本风情的织补蘑菇就是这样设计出来的。

A/使用了北欧的榉木，用深棕色油打磨上色。 B/想象着绘本中出现的蘑菇设计的。 C/无论是立在桌子上，还是拿在手里用，都很方便。可以减轻手的负担，适合长时间织补。 D/用岐阜大理石制作的织补蘑菇比较重，适合织补牛仔服和厚重衣物。 E/和宫城县小芥子娃娃名匠合作的织补小芥子。为方便拿握，腰部设计得比较细，头略扁，头顶比较平。 F/专门用来修补五趾袜子的织补棒。

Let's start darning

在动手织补之前

准备织补工具

如果没有诸如织补蘑菇之类的辅助工具，用家里普通的裁剪工具就可以。
再备上松紧绳、剪刀、针、穿针器，一起动手吧。

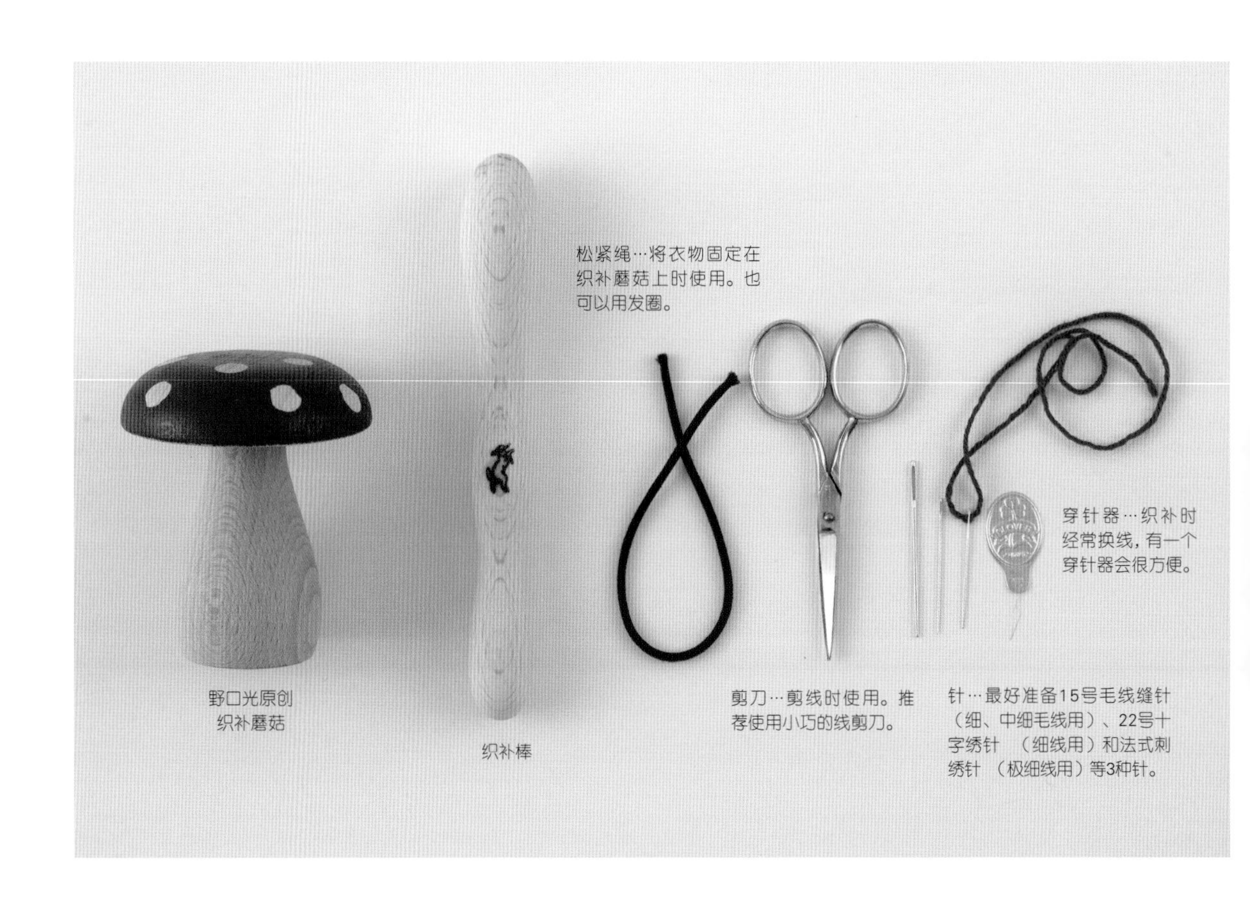

松紧绳…将衣物固定在织补蘑菇上时使用。也可以用发圈。

穿针器…织补时经常换线，有一个穿针器会很方便。

野口光原创织补蘑菇

织补棒

剪刀…剪线时使用。推荐使用小巧的线剪刀。

针…最好准备15号毛线缝针（细、中细毛线用）、22号十字绣针（细线用）和法式刺绣针（极细线用）等3种针。

野口光原创织补蘑菇

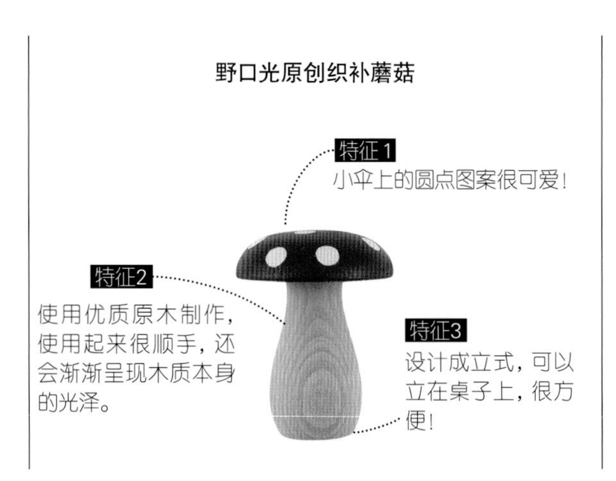

特征1
小伞上的圆点图案很可爱！

特征2
使用优质原木制作，使用起来很顺手，还会渐渐呈现木质本身的光泽。

特征3
设计成立式，可以立在桌子上，很方便！

织补棒
方便用来修补五趾袜子！

无论是织补五趾袜子，还是织补合趾袜子，都很适合使用织补棒做辅助。大脚趾使用较粗的一头，其他脚趾使用较细的一头。

织补术 1 芝麻盐织补

针迹像一粒一粒的芝麻盐织补，因此命名。
缝的时候，要注意正面的针迹。
袜跟等容易磨损的地方，用这种缝法可以加固。

适用情况

没有洞，但在使用过程中磨损、变薄。

使用线
细毛线（橙色）
刺子绣线（黄色）

before

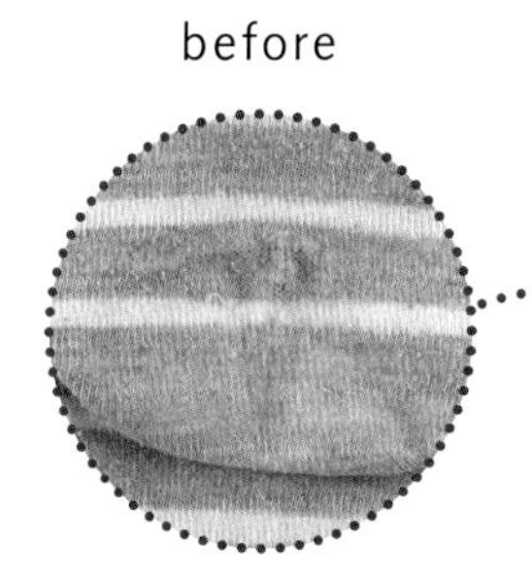

after

固定好织补蘑菇

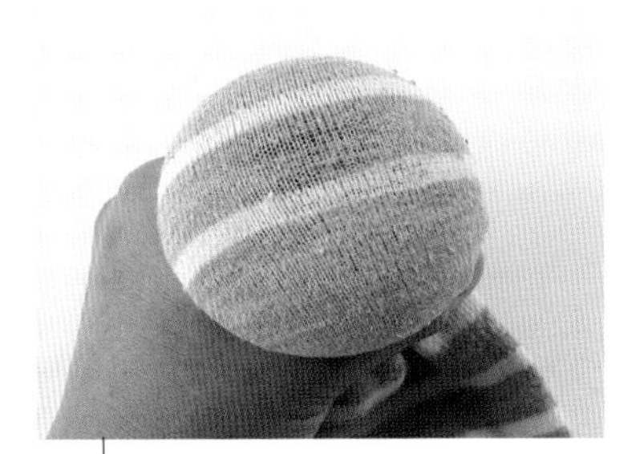

1 将磨损的地方盖在织补蘑菇上，沿着蘑菇握好。

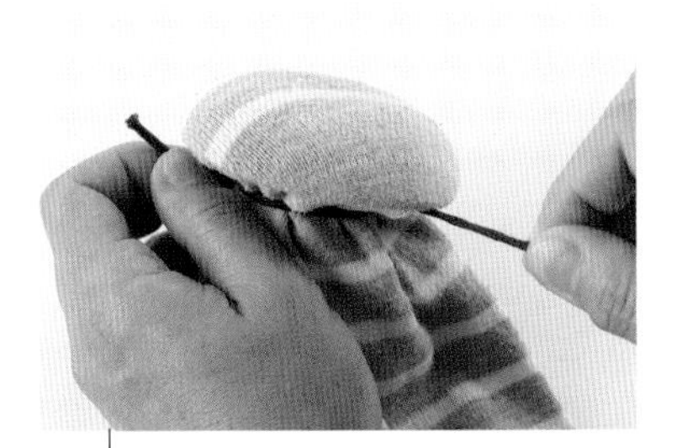

2 在蘑菇下面缠上松紧绳，缠2圈。

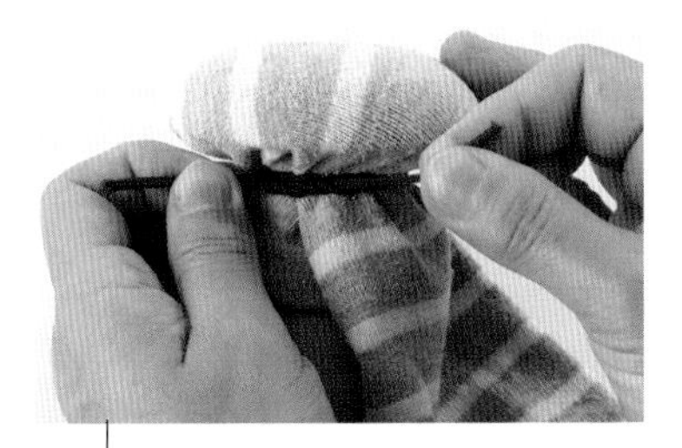

3 系1个结固定（有弹性不会松开，所以没必要系2个结）。

第1行

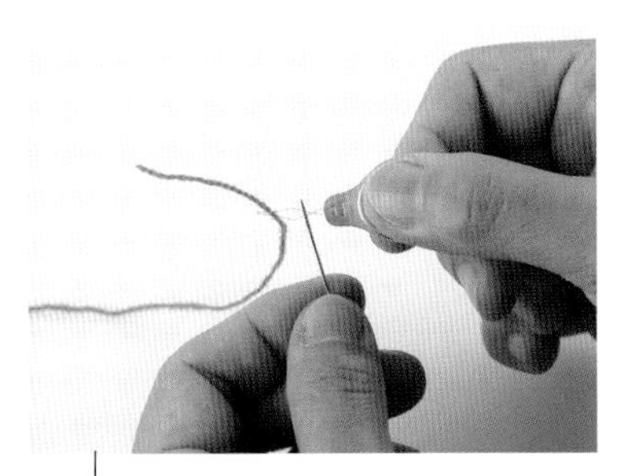

4 将线剪成手臂长短，穿线。使用穿针器会很方便。

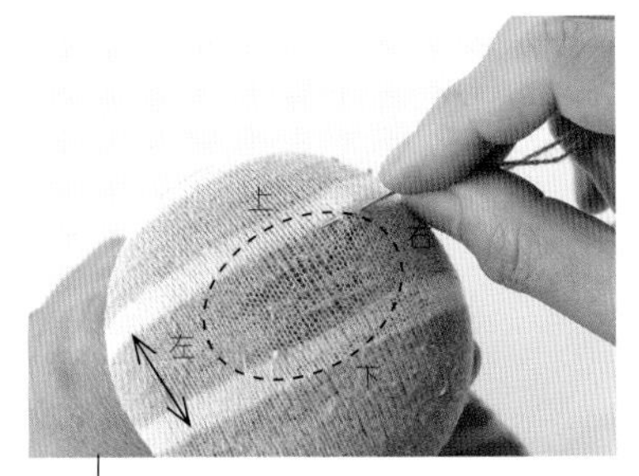

5 看着织线的走向，确定上下、左右方向。从磨损处外侧5mm处开始缝。首先，在右上角从右向左挑起1cm左右。

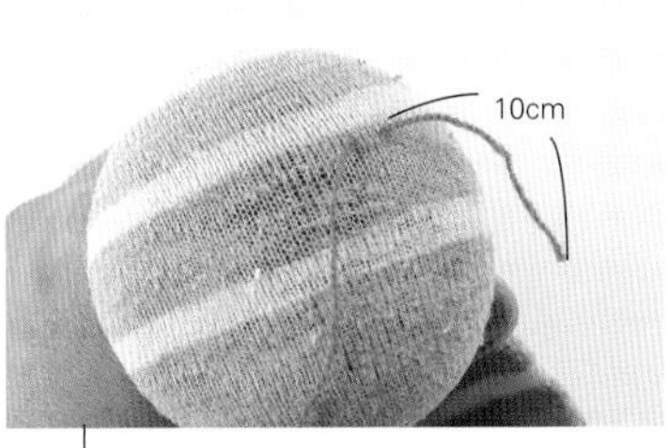

6 拉线，线头留10cm左右。

7 第2针用缝针缝1粒芝麻的距离（1~2mm），从右向左入针。

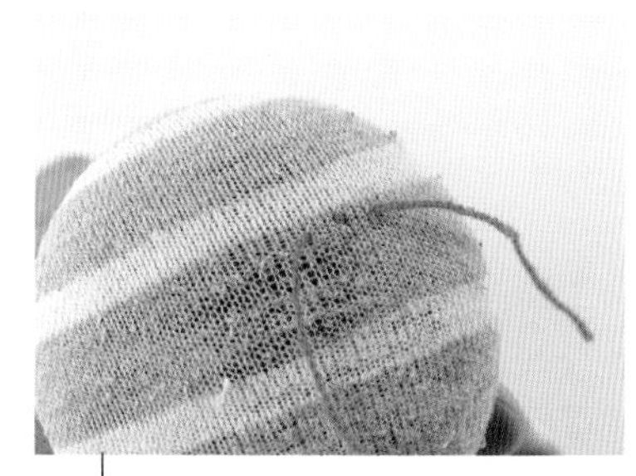

8 再次向前缝1cm左右。织物正面出现了1粒芝麻大小的针迹。

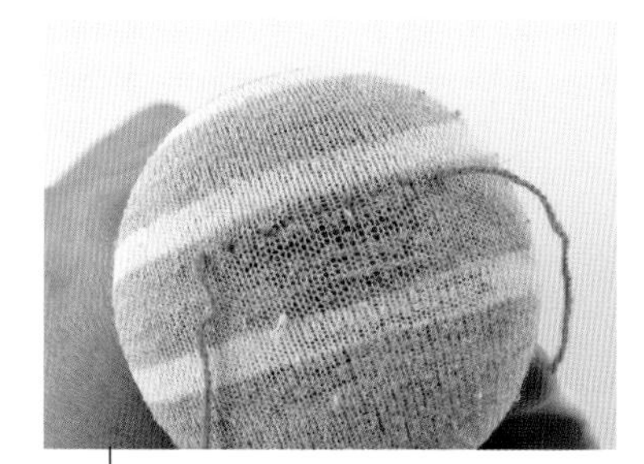

9 继续一针一针地向前缝，每次用缝针缝1粒芝麻的距离，缝好1行。

第2行

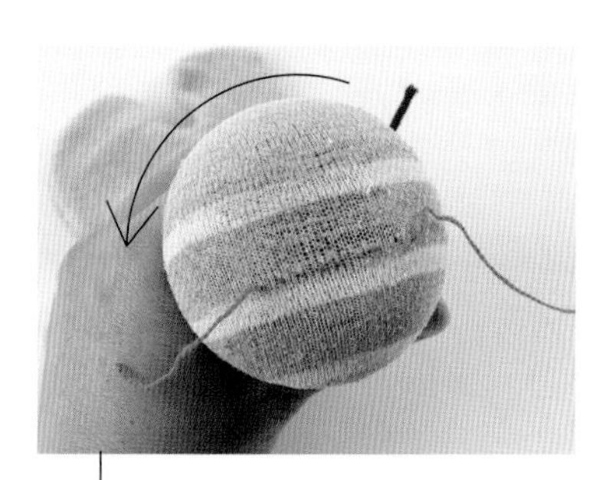

10 完成1行后，将织补蘑菇旋转180°。

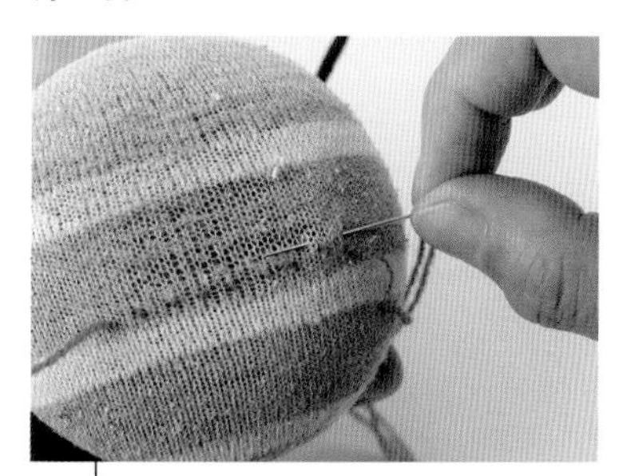

11 紧挨着第1行，从右向左挑起1针，按照相同方法缝好第2行。

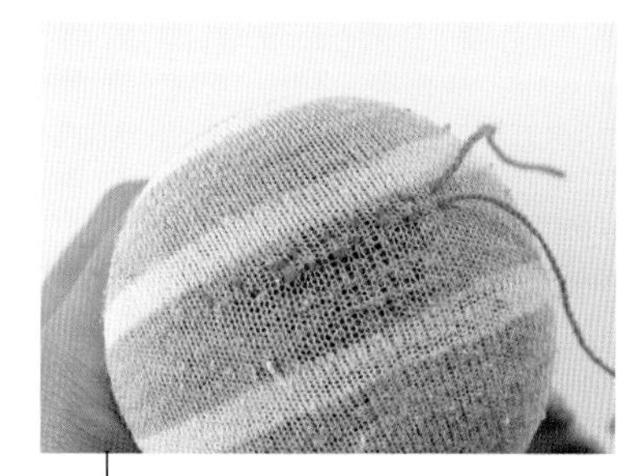

12 第2行的针迹不用和第1行对齐，随意一些更有美感。

换线

13 如果线不够用，可以换个颜色。将原来的线抽下，穿上黄色线。

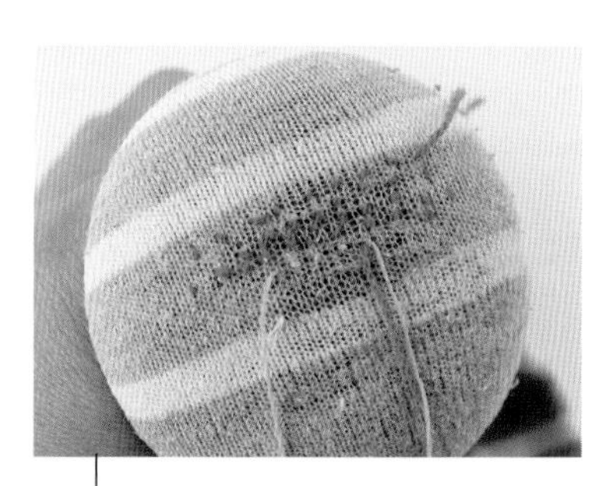

14 按照前面的方法，继续缝芝麻盐织补针迹。

15 缝好了。结合磨损的部位向前缝，自然而然地缝好形状。

处理线头

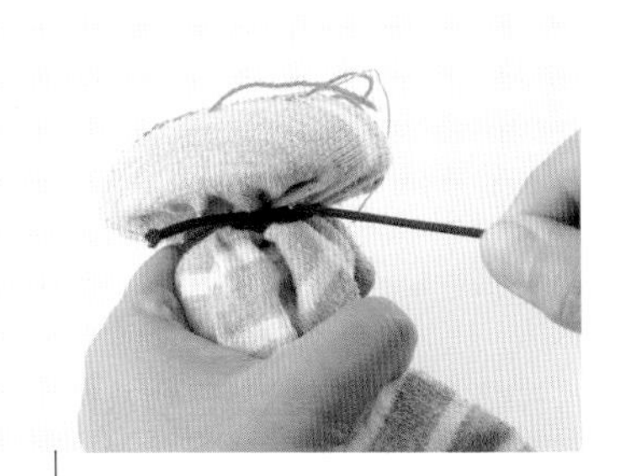

16 解开松紧绳，取出织补蘑菇。

17 起点和换线的地方需要处理线头，将线头穿在针上，从反面出针。

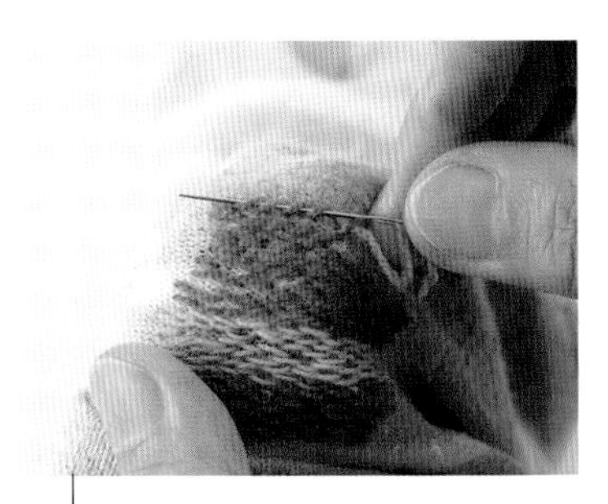

18 将衣物翻到反面，将针穿入4个针迹中。

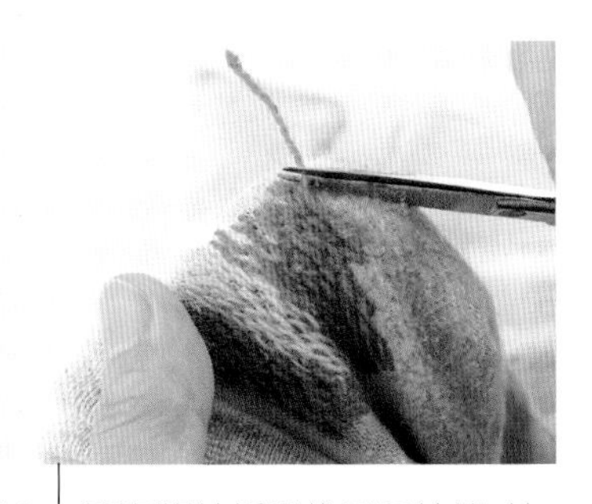

19 再次将针插到线里回针缝2针，剪断线头，轻轻熨烫让线更加贴合。

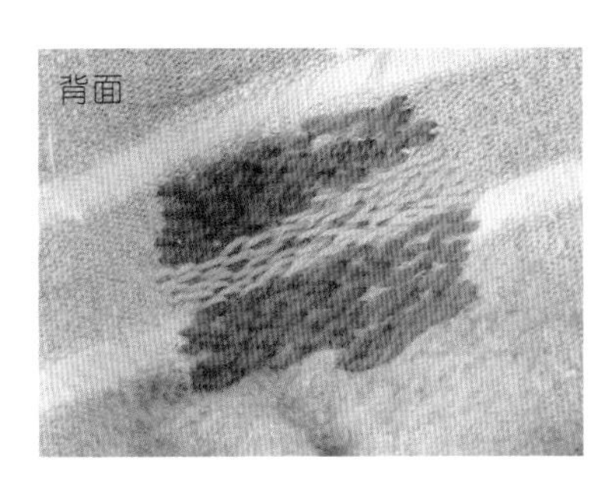

按照半回针缝的要领向前缝，背面的渡线很密集，有效地加固了织物。也可以在背面缝芝麻盐织补针迹，让正面呈现出此种效果。

芝麻盐织补

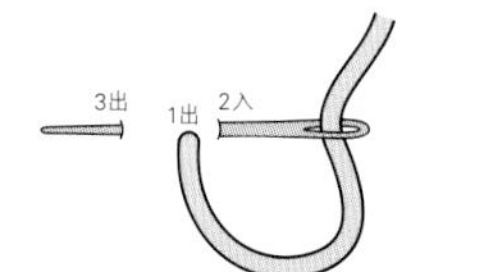

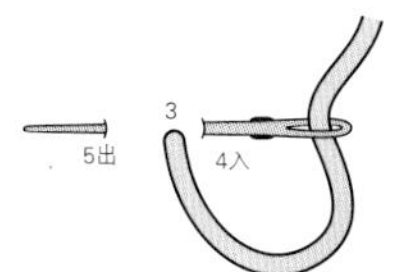

这点很重要!

和通常的半回针缝不太一样。
回针时，只返回1粒芝麻大小的距离。

织补术2 四边形织补

横线和纵线交织在一起，这是最基本的织补方法。
这种技法，可以将衣服上的破洞修复得非常完美。
即使线迹没有对齐，看起来也很好看。

适用情况

无论是虫蛀小洞，
还是比较大的破洞均可。

使用线
极细毛线（粉色、黄绿色）

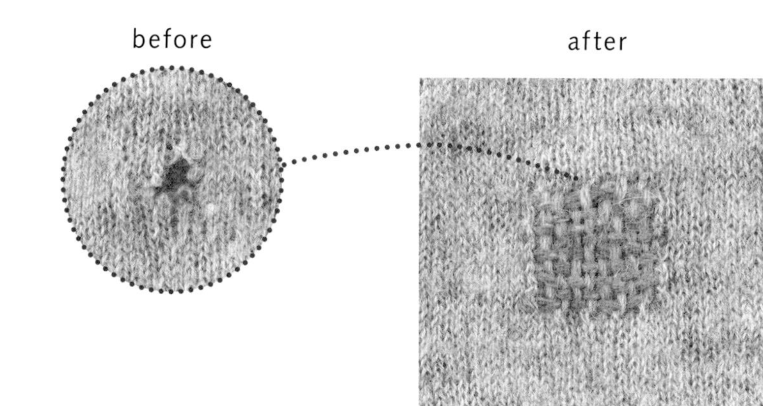

缝纵线

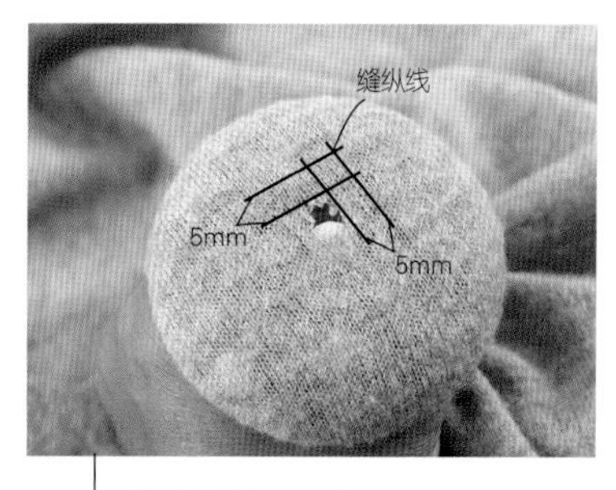

1 将破损的地方盖在织补蘑菇上，固定好。从破洞右上方外边5mm处开始缝。

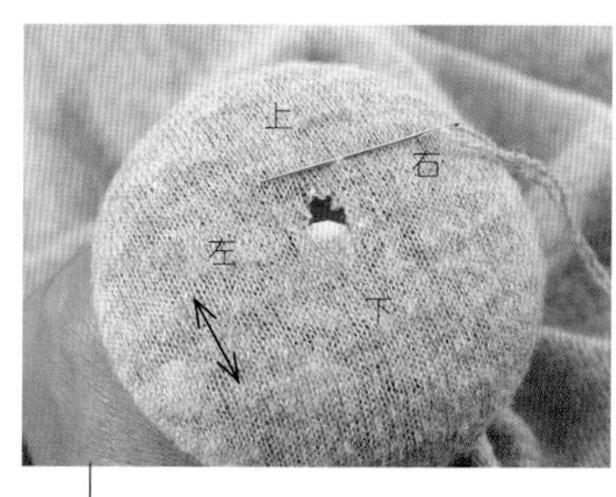

2 看好织线的走向，确定上下、左右方向。从右向左挑起1~2根织线，挑透织物，让针碰到蘑菇。

3 将线拉好，线头留10cm左右。

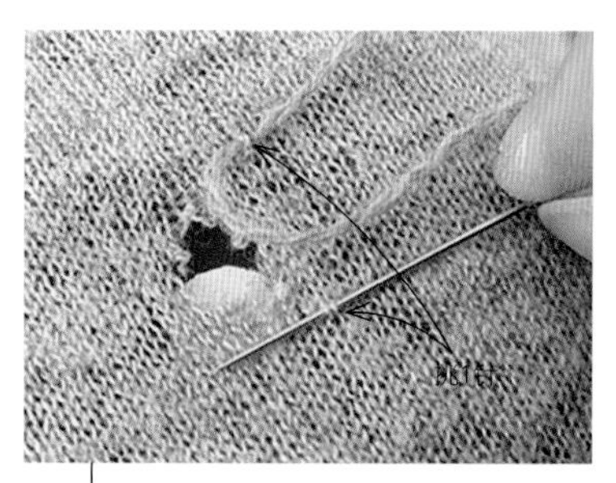

4 按照相同的方法，从破洞右下方外边5mm处（第1针的正下方）入针缝。

5 将线拉好，第1根纵线完成。拉线力度要适中，既不要太紧也不要太松。

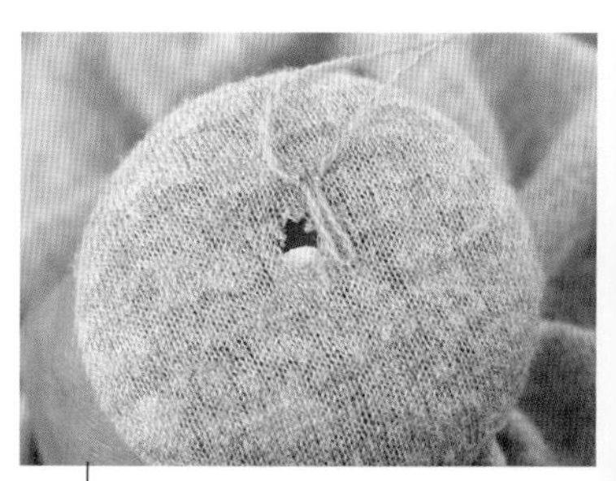

6 继续向第1根纵向的左侧缝，从右向左入针缝。纵线之间大概间隔1根线的距离（为便于穿过横线）。

缝横线

7 缝至破洞外边5mm，把破洞完全盖住，完成纵线缝。

8 换成粉色线，开始缝横线。首先，在纵线右上角从右向左挑1针。

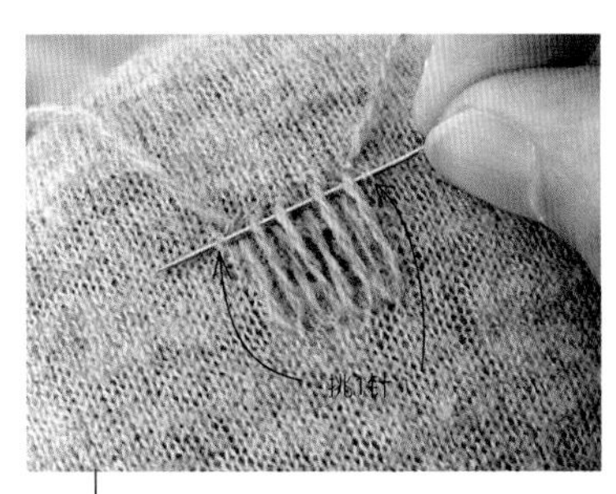

9 从第1根纵线下方穿过，越过第2根，每隔一根从纵线下方穿过。最后在左边从右向左挑起织物。

10 拉线，将织补蘑菇转动180° 。

11 右边从右向左挑1针，第2根横线和第1根相反，越过第1根纵线，从第2根下方穿过。

12 最后在左边从右向左挑起织物。

13 图为完成第2根横线的状态。渡线要紧密一些，横线之间不留空隙。

14 转动180°，按照步骤11、12的方法，开始缝第3条横线。此时，挨着针孔入针比较好。

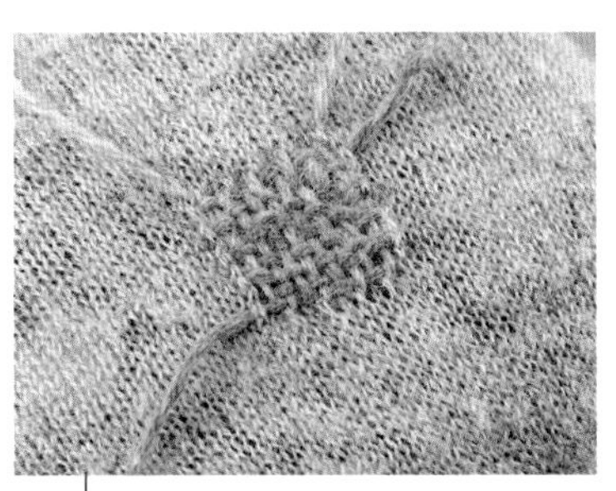

15 横线缝完后的状态。缝的过程中，注意不要劈开纵线。如果不小心劈开了，横线就不会这么紧密有序。处理好线头，然后轻轻熨烫。

线头的处理方法

藏在正面的针迹里

这是最简单的方法，适合用在袜子和贴身衣物等反面会直接接触皮肤的衣物。

1 放上织补蘑菇，沿着纵线走针，让线头藏在内侧。

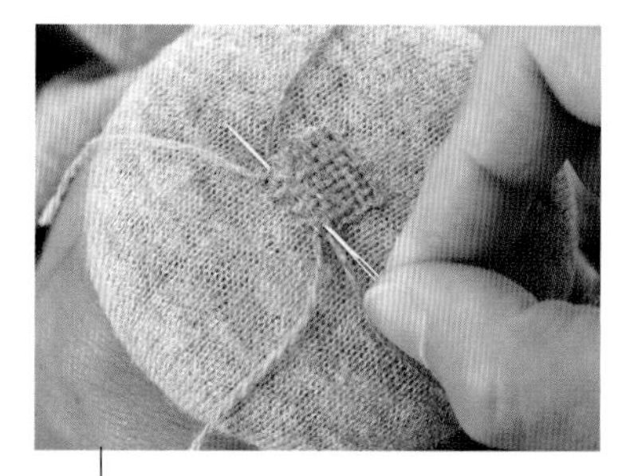

2 然后沿着横线走针，呈L形。

3 贴着织物剪断。

藏在反面的针迹里

虽然织物反面有点鼓鼓的，袜子以及其他直接接触皮肤的衣物也可以用这种方法。

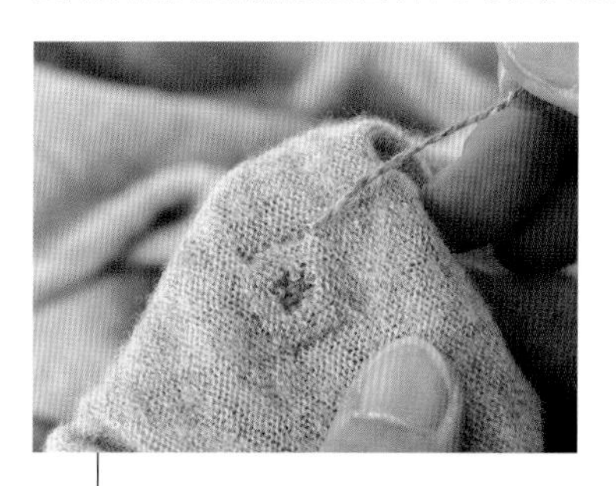

1 取出织补蘑菇，线头从织物反面出来。

2 将针在织物的反面缝4针。

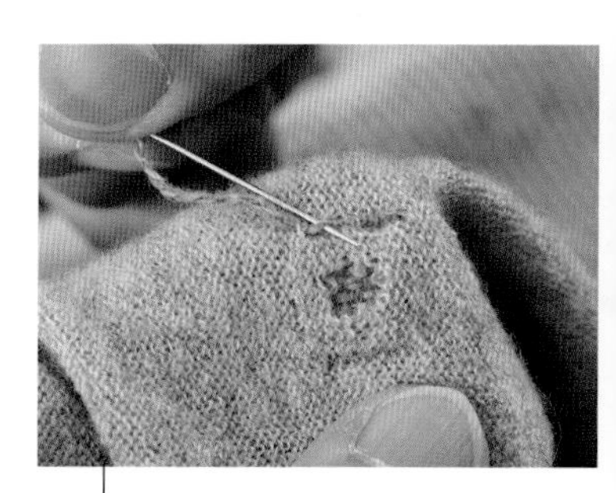

3 再回缝2针，将线劈开，剪断线头。

在反面打结

适合用在开衫、包包等不直接接触皮肤的衣物。

1 取出织补蘑菇，线头从织物反面出来，在针尖上缠绕2圈。

2 用手指压着针尖上的线，抽出针完成打结，剪断线头。

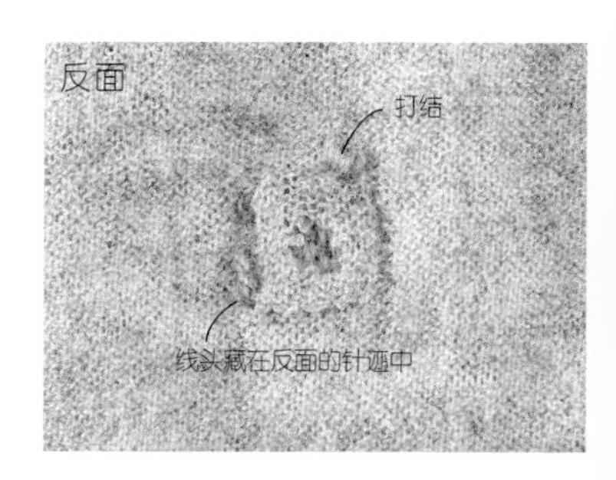

用这种方法处理线头，反面的针迹较少。图中的破洞被线补上了。

织补术 3 双面织补

技法和四边形织补基本一致。
在衣领、袖口或者围巾、披肩等反面也会露出来的地方，
做双面织补。

适用情况

衣领、袖口处的破洞，或者围巾、披肩、头巾上的破洞。

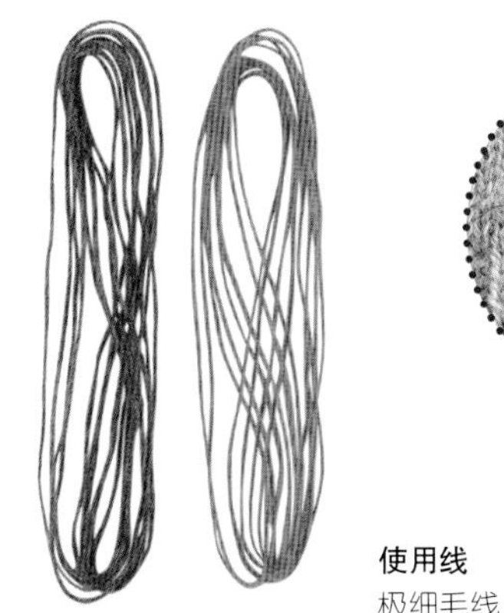

使用线
极细毛线（粉色、紫色）

before

after

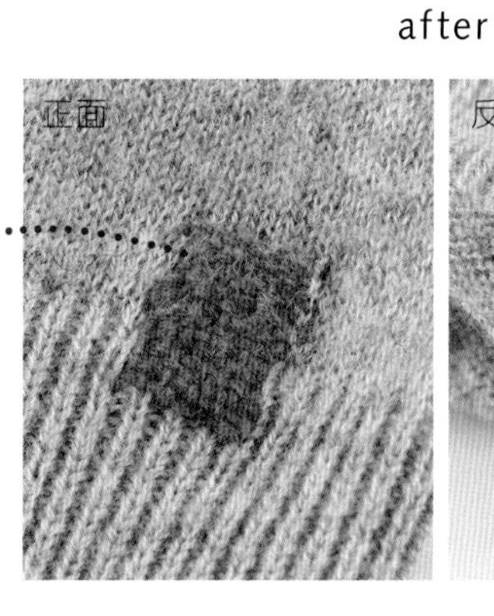

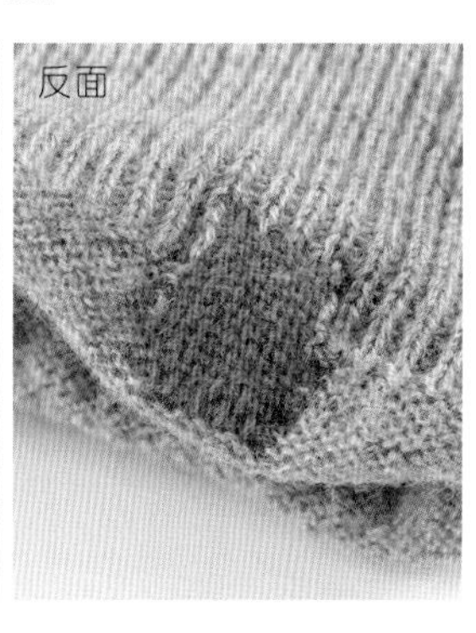

正面

1 将织补蘑菇放在衣物反面，参照p.16、17步骤1~7，缝好纵线。

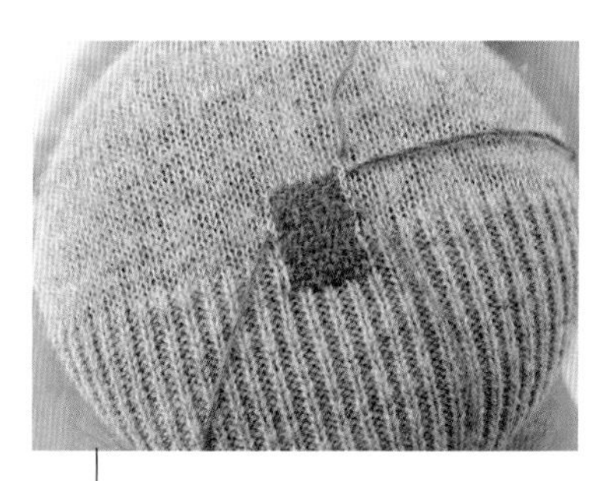

2 参照p.17步骤8~15，缝好横线，完成四边形织补。

反面

3 将衣物翻到反面，在缝好四边形织补的下方放上织补蘑菇。

4 沿着正面的针迹，在反面缝出四边形织补针迹。

处理线头

5 将织补蘑菇取出，沿着针迹边缘穿针。只需将针穿入正、反面织补针迹之间即可。

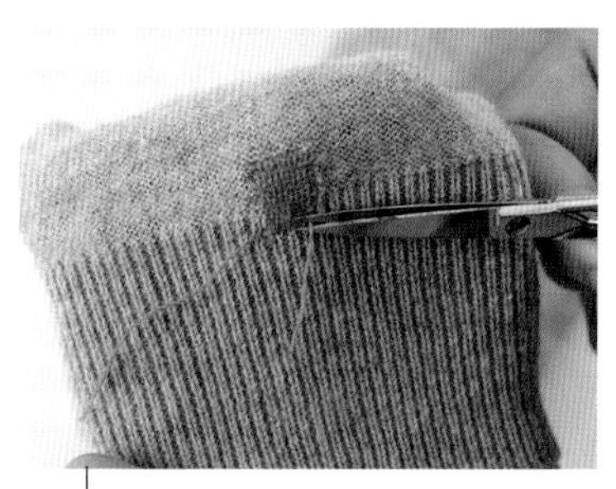

6 剪断多余的线头。其他线头也按照相同的方法处理。轻轻熨烫，让织补针迹和衣物更加贴合。

织补术 4 芝麻盐织补＋四边形织补

将基本的四边形织补和芝麻盐织补组合起来，
既可以修补破洞，又可以让衣物更加耐磨。
而且，每隔几列换个颜色，还可以缝出格子效果。

适用情况

**有个破洞，
而且周围也磨薄了。**

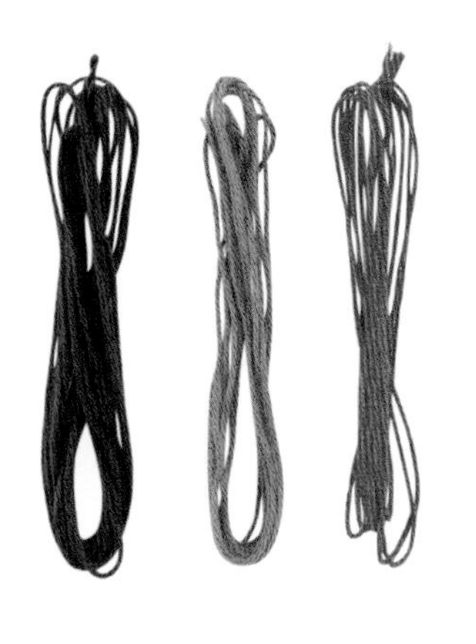

before

after

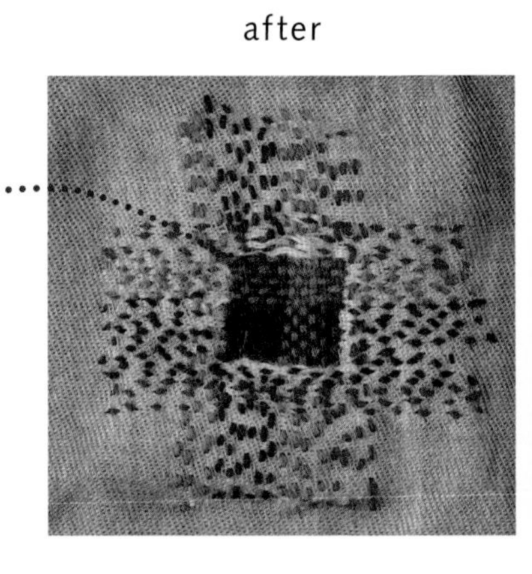

使用线
纵线、横线…刺子绣线（藏青色、褐色、红色）

缝纵线

1 将织补蘑菇放在反面，从磨损处的右下角开始，向正上方缝芝麻盐织补。

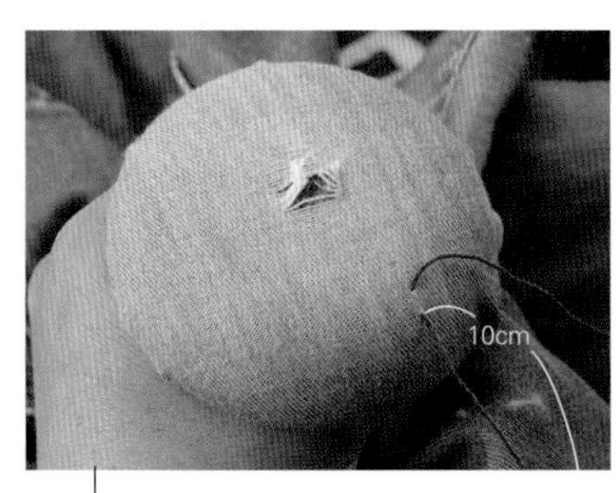

2 先缝1针，拉线，线头留10cm左右。

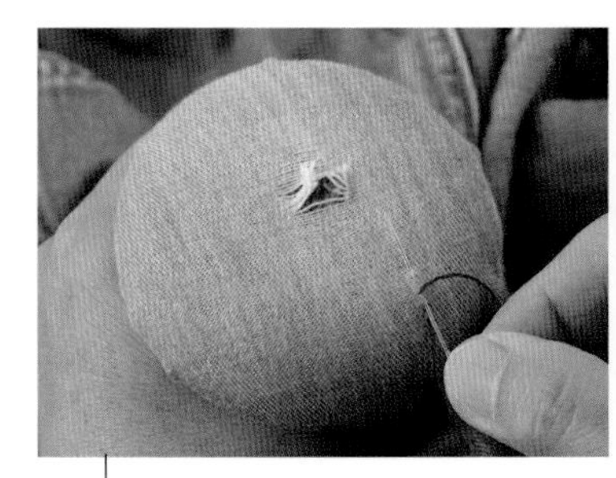

3 第2针回针缝1粒芝麻的距离（1~2mm）（参照p.15芝麻盐织补）。

换色

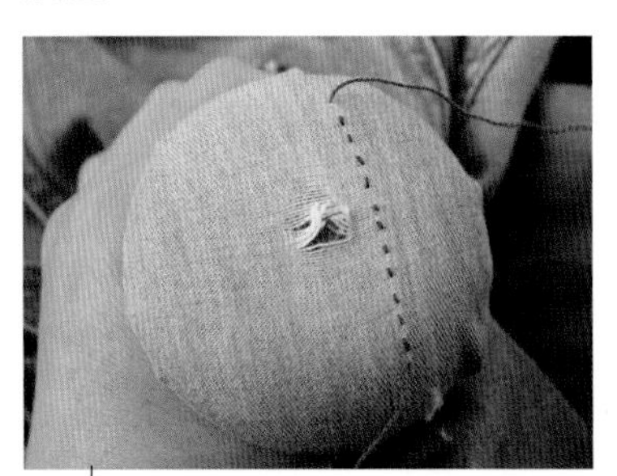

4 缝好了1列芝麻盐织补。

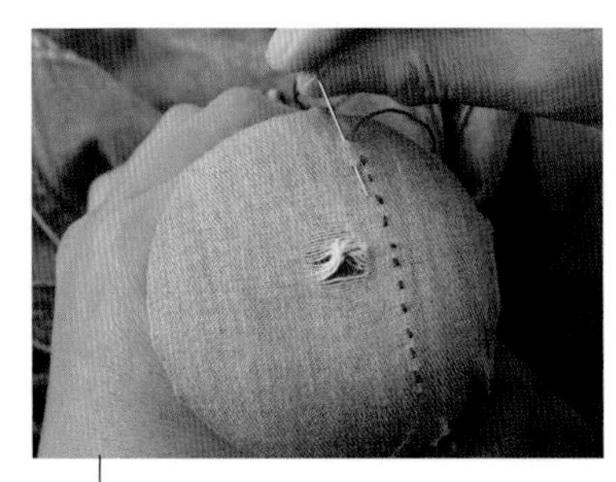

5 向第1列的左边缝1针，开始缝第2列芝麻盐织补。

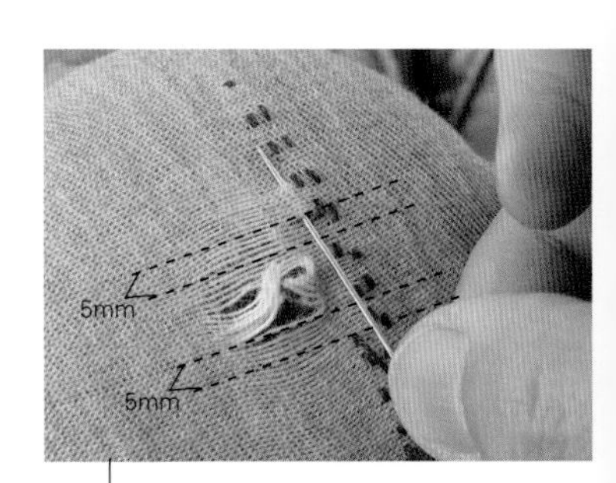

6 第3列缝到破洞前面5mm左右时，停下来。越过破洞，在对面5mm处入针。

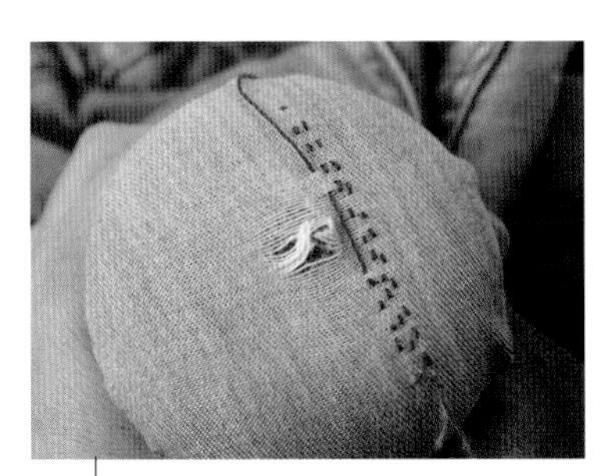

7 将线拉平，继续向上缝芝麻盐织补。重复此针法，直至盖住破洞。

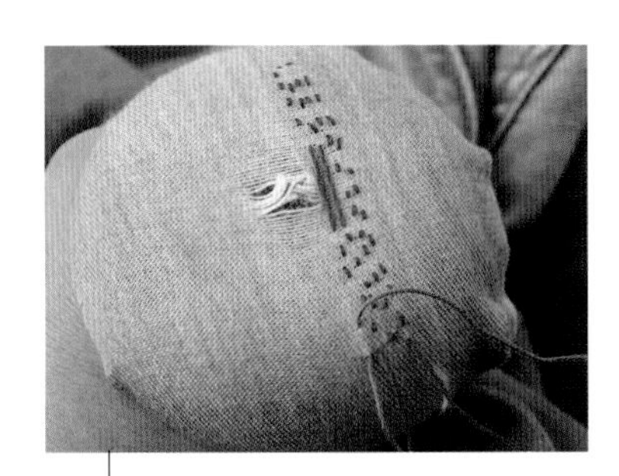

8 如果线不够用，换成褐色线（每隔三四列换色一次，可以完成格子图案）。

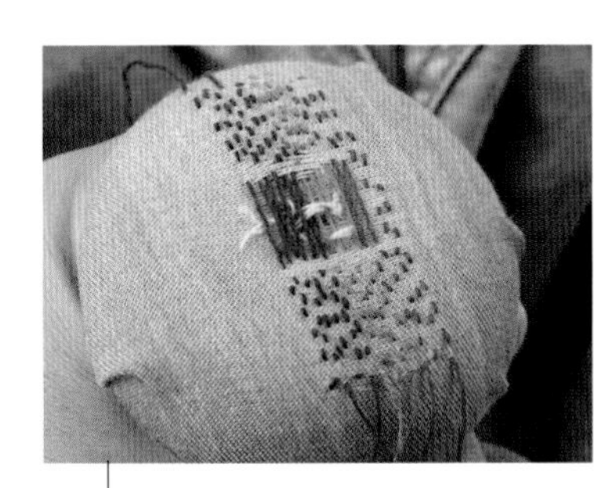

9 纵向缝完全盖住破洞。

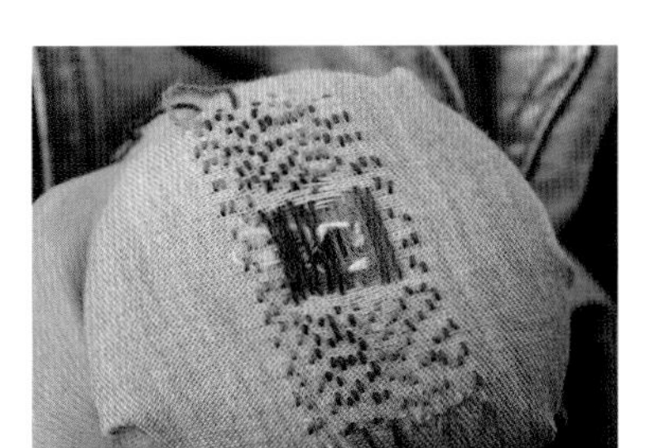

10 继续纵向缝芝麻盐织补，加强旁边磨薄处的耐磨性。

缝横线

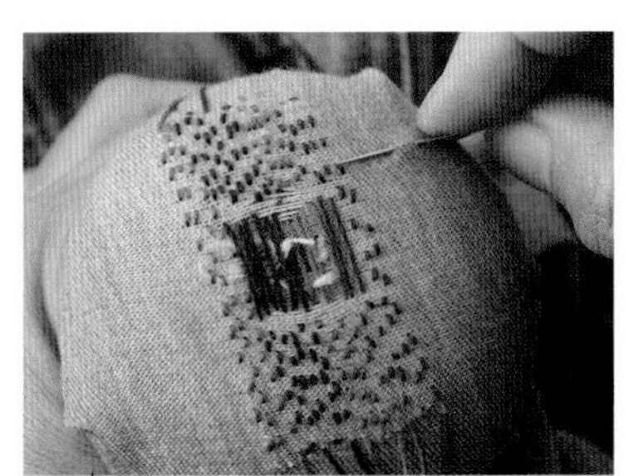

11 继续缝横线，可以起到加固作用。在右上角稍远的地方入针。

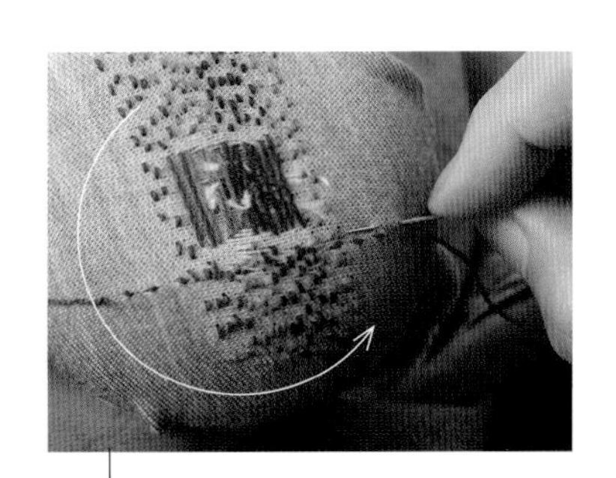

12 缝芝麻盐织补到左端，然后转动一下方向，开始缝第2行。

13 缝到中间的四边形织补时，从右向左逐根上下交错挑针，然后缝芝麻盐织补到左端。

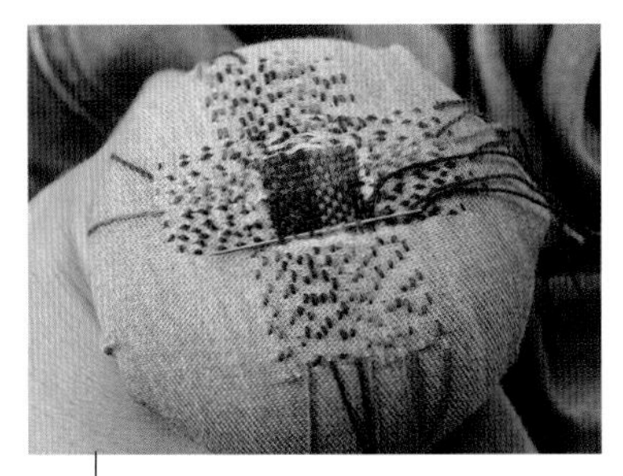

14 完成横向缝的状态。缝的过程中，不断用针或手拉紧横线，这样效果会比较漂亮。

15 再缝几行芝麻盐织补，加固周围磨薄的地方。处理线头（参照p.15），轻轻熨烫，让缝线和衣物更加贴合。

织补术 5 变化的四边形织补

四边形织补术的举一反三。
改变纵线的缝法，就可以缝成三角形、心形等多种形状。
先描上图案轮廓，新手也能缝得很漂亮。

适用情况

想把破洞或有污渍的地方变得更好看。

before

after

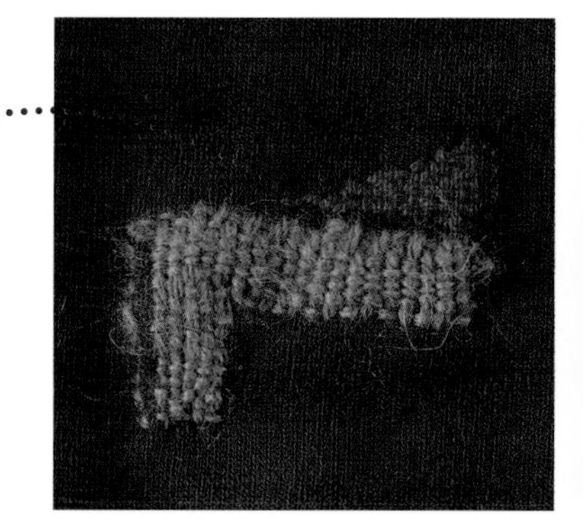

使用线
三角形
纵线、横线…细毛线（橙色）
L形
纵线……中细毛线（卡其色）
横线…极细马海毛线（卡其色）

三角形

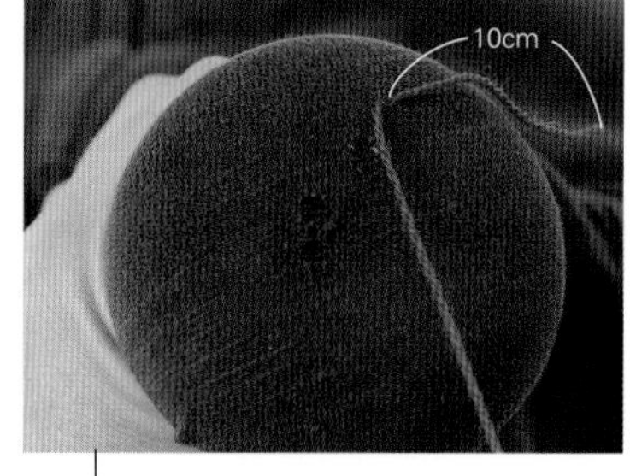

1 将织补蘑菇放在衣物反面，在右上角从右向左缝1小针。缝的时候，心里要有缝成三角形的概念。

2 在第1针的正下方，按照步骤1的方法从右向左再缝1针。

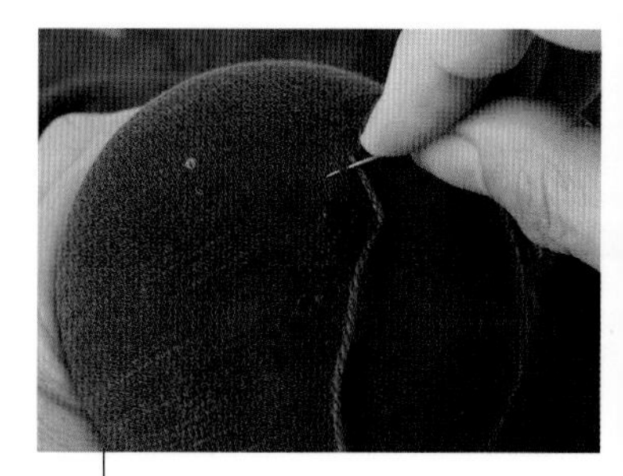

3 拉线，即完成第1针纵线。在比第1针稍低的地方，从右向左缝第2针。

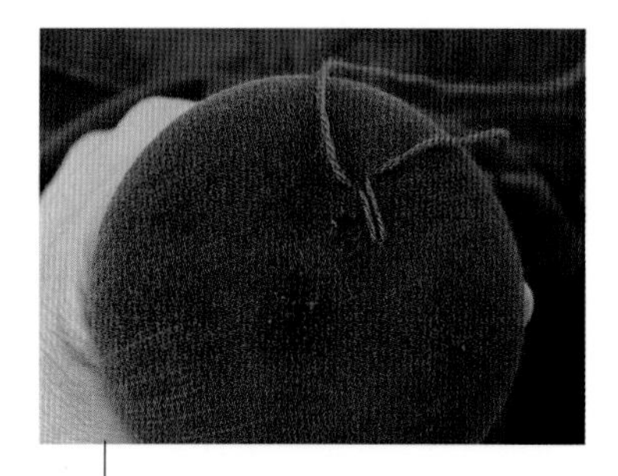

4 第2针的纵线比第1针略短。

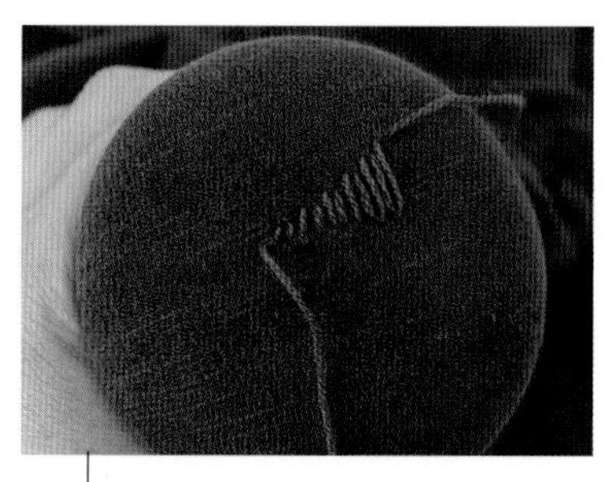

5 图为完成纵线的状态。每次都在比前一针稍低的位置入针，一针针纵线形成了三角形。

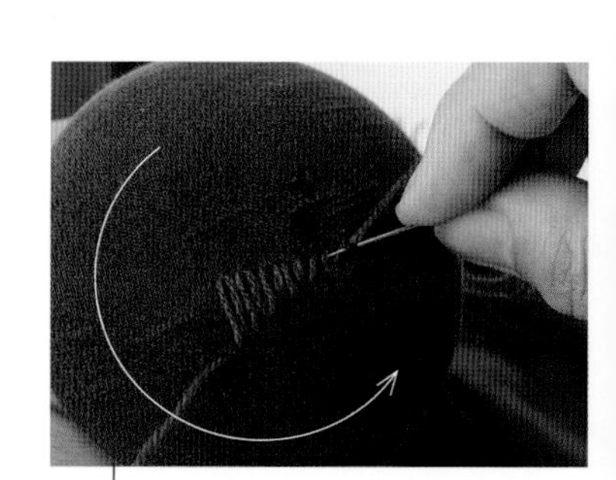

6 转动180°，开始缝横线。首先在三角形顶点从右向左缝1小针。

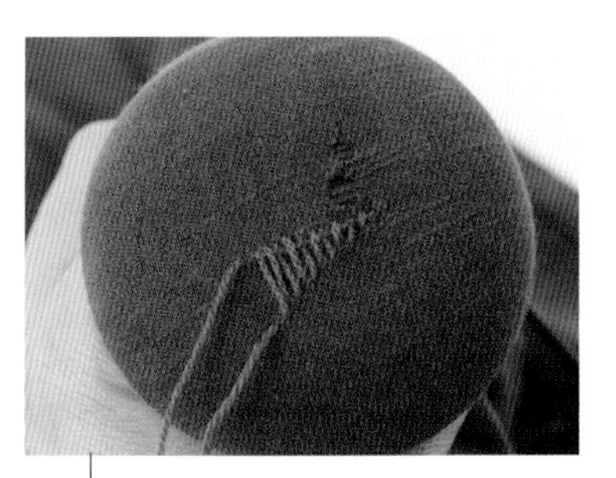

7　上下交错着一针针地挑起纵线（参照p.17），从右向左在左端缝1针。

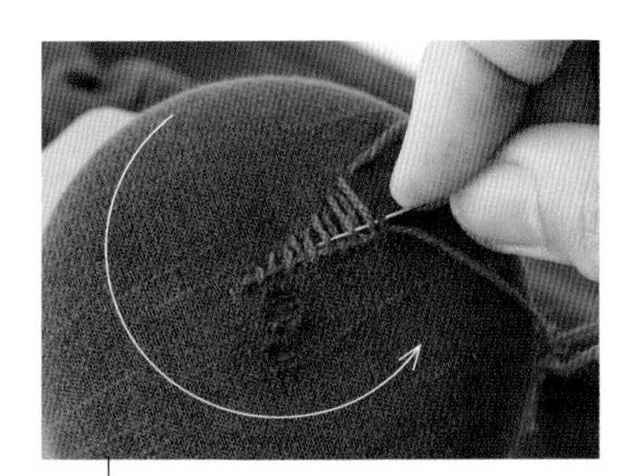

8　转动织补蘑菇，按照步骤6、7的方法缝第2条横线。

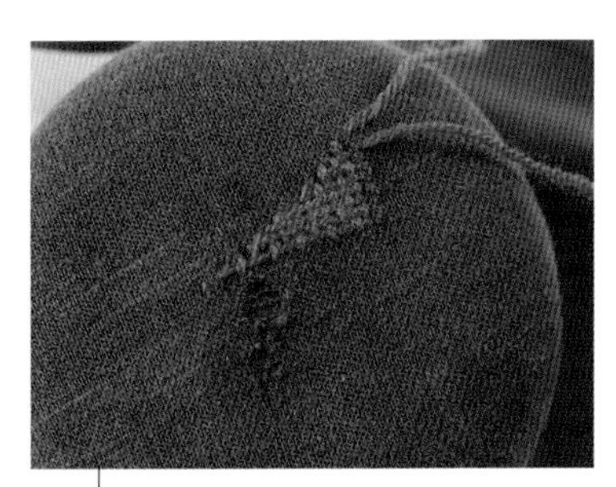

9　缝完横线。处理线头（参照p.18），三角形完成。

L形

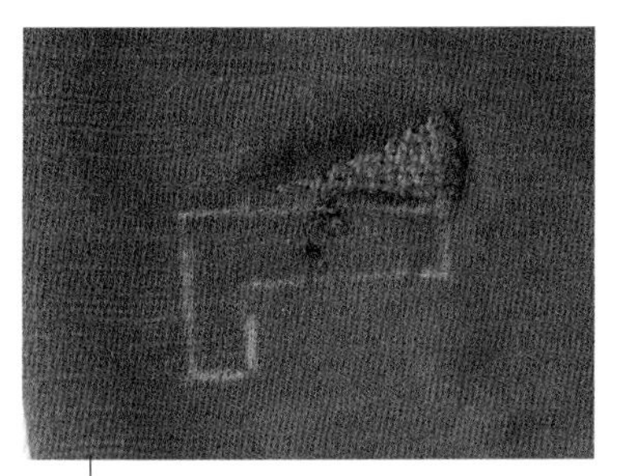

1　在破洞上方，用热消笔描绘图案轮廓。

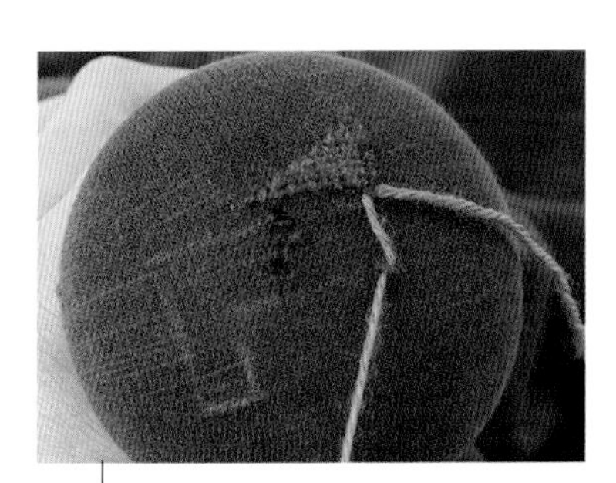

2　将织补蘑菇放在衣物反面，缝纵线。在右上角从右向左缝1针，然后在其正下方缝1针，将线拉紧。

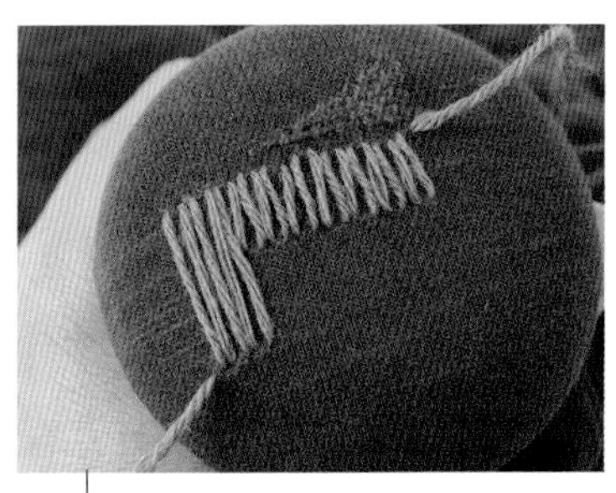

3　沿着描绘的轮廓缝纵线（参照p.16、17步骤1~7）。

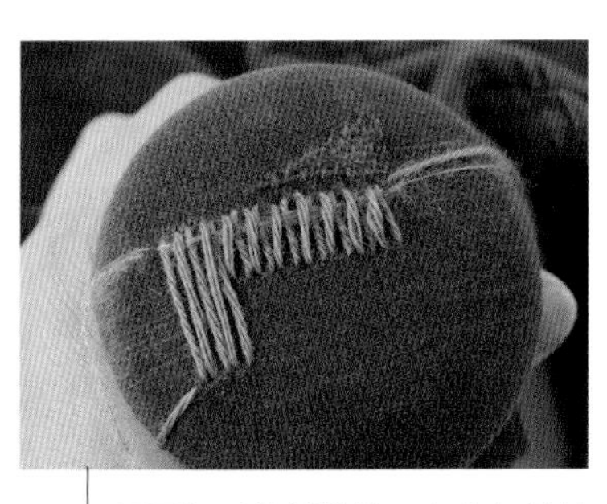

4　用马海毛线缝横线。在右上角从右向左缝1小针，上下交错着一针针地挑起纵线（参照p.17），从右向左在左端缝1针。

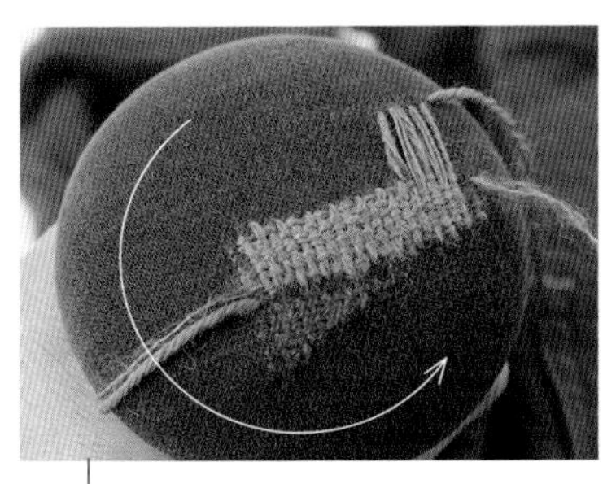

5　转动180°，重复步骤4，缝好L形的长边。

6　继续缝短边，直到全部缝一遍。处理线头（参照p.18），轻轻熨烫，让缝线和衣物更加贴合。

织补术6 英式织补

可以用在有磨损和有破洞的地方，是四边形织补技法的拓展。
渡横线时，一点点挑起织物，
所以衣物和织补的针迹非常贴合，看起来很自然。

适用情况

想把破损的地方修补得非常自然。

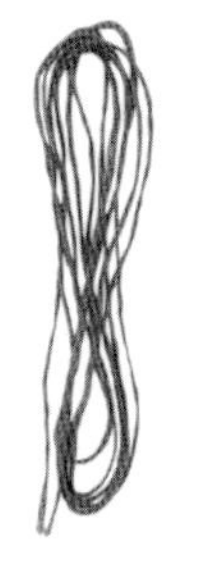

使用线

横线、纵线…
极细毛线（橙色、红褐色）
25号刺绣线（土黄色）
细毛线（绿色）

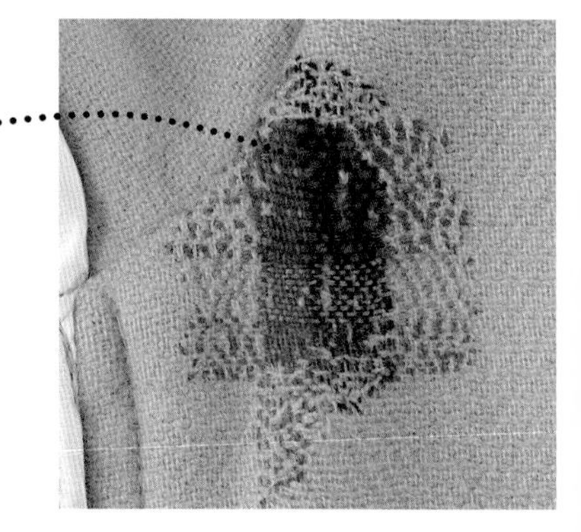

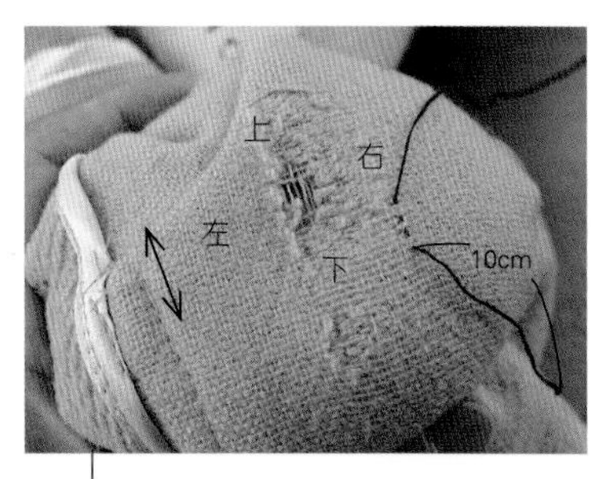

1 将织补蘑菇放在衣物反面，从磨损处右下方1cm的地方入针做平针缝。注意，不是半回针缝的芝麻盐织补！

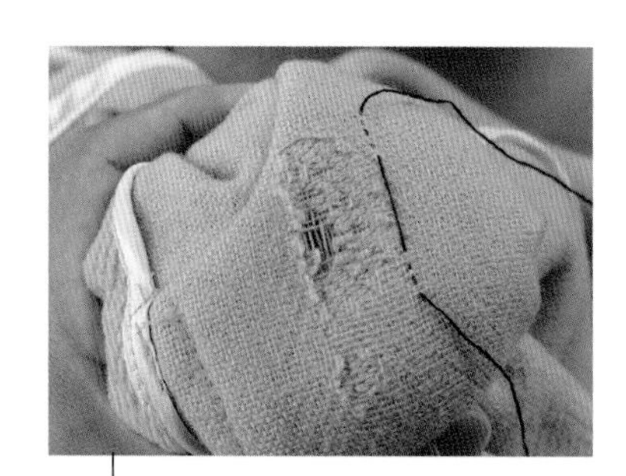

2 缝到磨损处时从表面越过去，然后继续做平针缝。

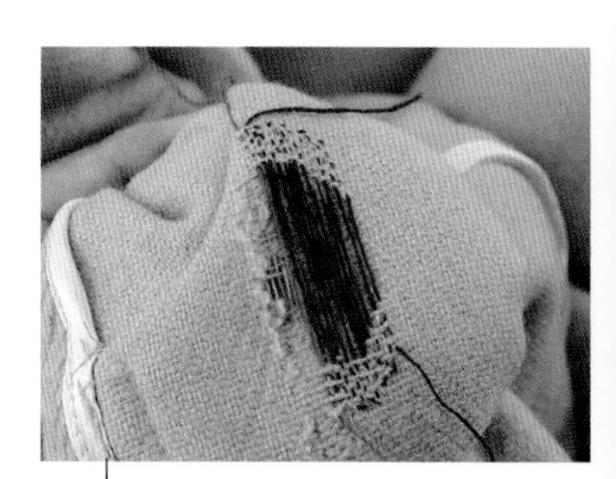

3 按照步骤1、2的方法，一边在中途换线，一边缝纵线。

<<这里很重要>>

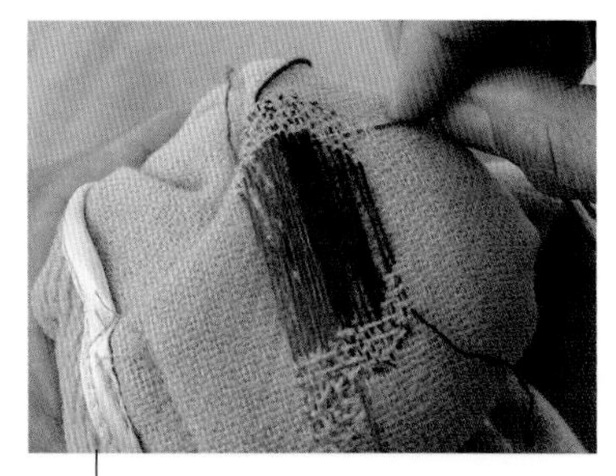

4 继续缝横线。从右上方入针，像缝纵线时那样先做几针平针缝。

5 上下交错着一针针地挑起纵线。在此过程中，可时不时地挑起一点面料，次数不限。

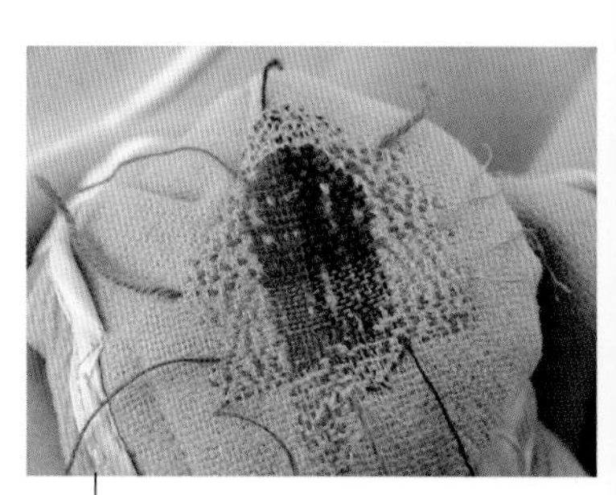

6 挑完后，继续向左端做几针平针缝，重复上述针法。挑起面料，横线不会挤在一起，可以缝满线。处理线头（参照p.18），轻轻熨烫，让缝线和衣物更加贴合。

织补术 7 手风琴织补

纵线使用比较粗的线或者和纸、缎带等，缝出手风琴风箱的感觉。
横线只需缝上芝麻盐织补，非常简单。
只要缝上横线，纵线也可以用粗线。

适用情况

衣物破损得不厉害，
或者是污渍等
较为轻微的毛病。

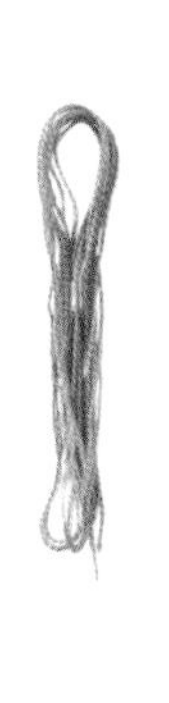

before

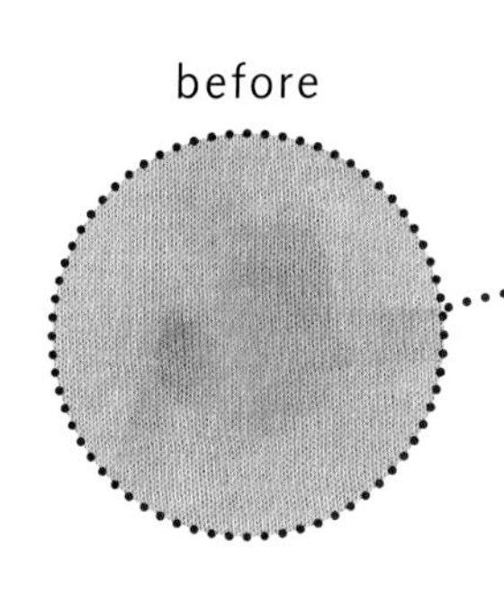

after

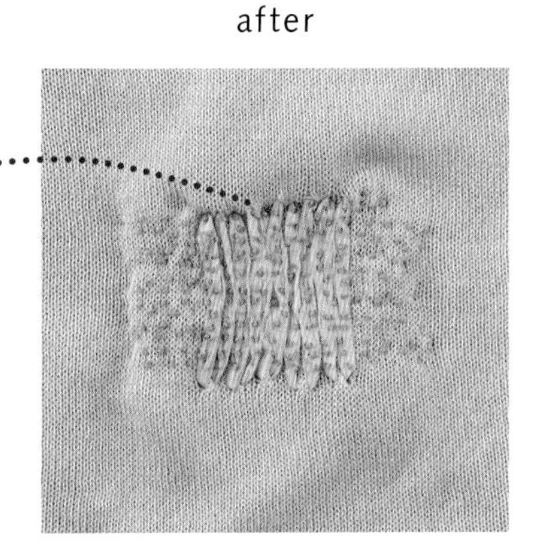

使用线
纵线…和纸（灰色）
横线…手缝丝线（卡其色）

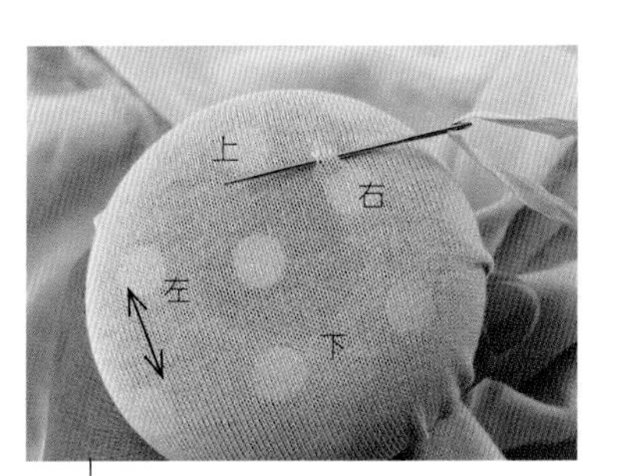

1 将织补蘑菇放在衣物污损处的反面，将和纸穿在缝针上，在污损处右上方5mm的地方从右向左缝一针。

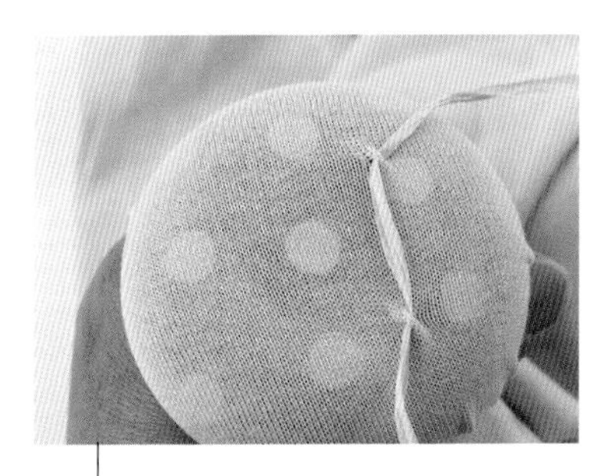

2 在步骤1的正下方，从右向左缝一针，将和纸拉平。

3 按照步骤1、2的方法继续缝纵线，使其盖住污损处。

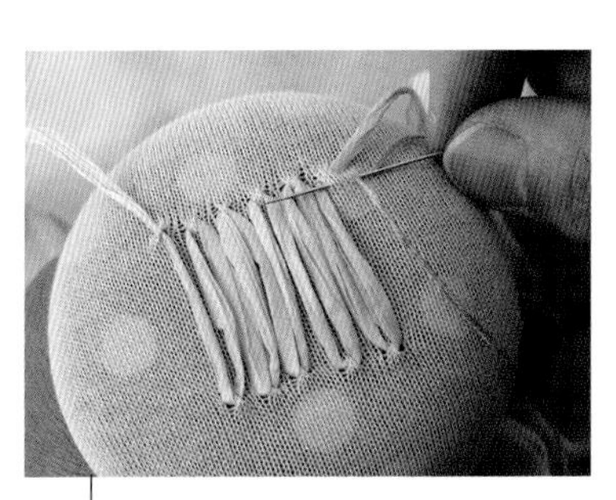

4 横线缝芝麻盐织补（参照p.13），在右上方纵线右侧1cm处入针开始缝。

5 和纸上也要缝出芝麻盐织补。

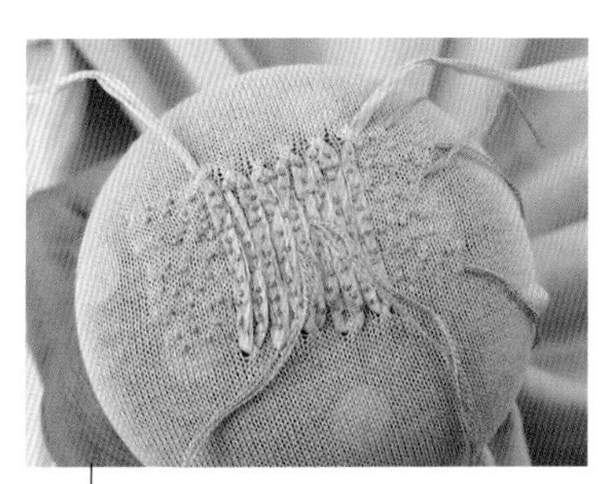

6 缝好了芝麻盐织补。芝麻盐织补左右两边要比纵线略长，具体长度根据喜好而定。处理线头（参照p.18），轻轻熨烫，让缝线和衣物更加贴合。

织补术 8 在上贴布上织补

如果破洞比较大，可以在上面用贴布盖住，很简单。
然后在贴布上缝芝麻盐织补。
效果比买块徽章布贴贴上要好。

适用情况

想快速修补较大的破洞或较大的磨损面积时，用此技法。

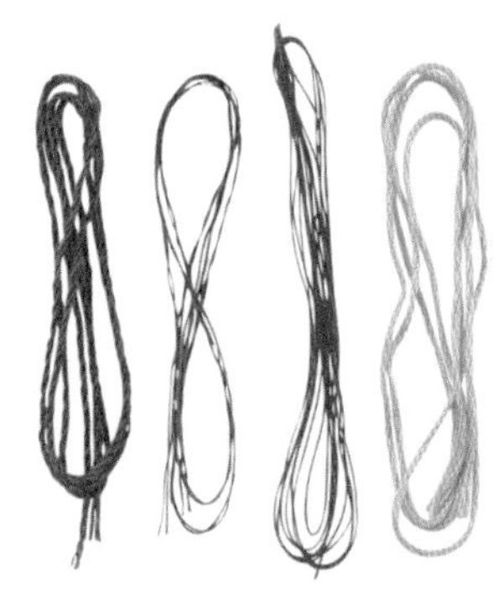

使用线
极细毛线（蓝色）、麻刺绣线（青色）
刺子绣线（红色）、25号刺绣线（黄色）

before

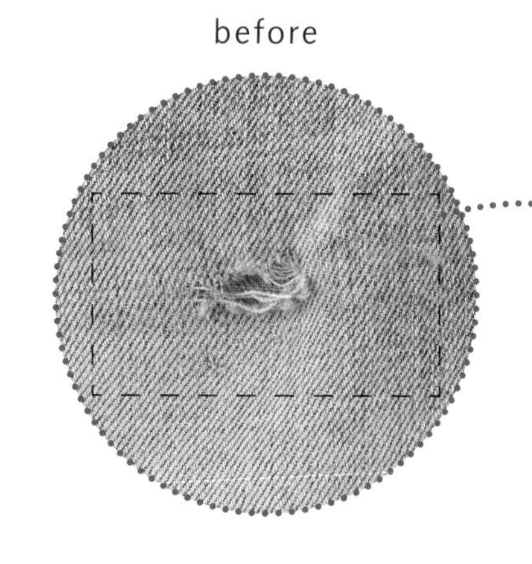

after

1 在剪好的双面热熔黏合衬上放上剪好的印花布（3种），制作贴布。

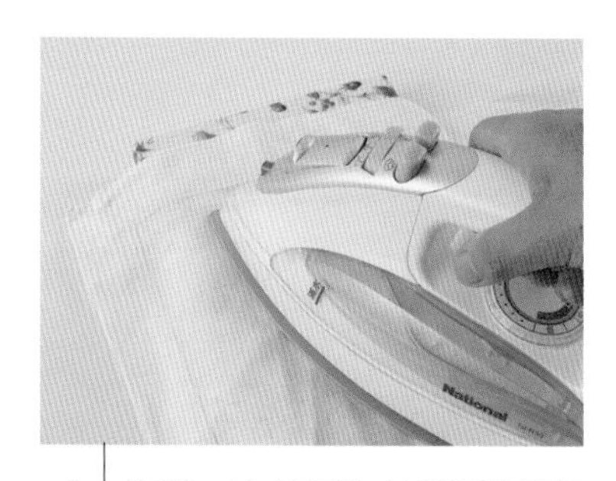

2 隔着一块布熨烫，让双面热熔黏合衬和印花布粘贴在一起。

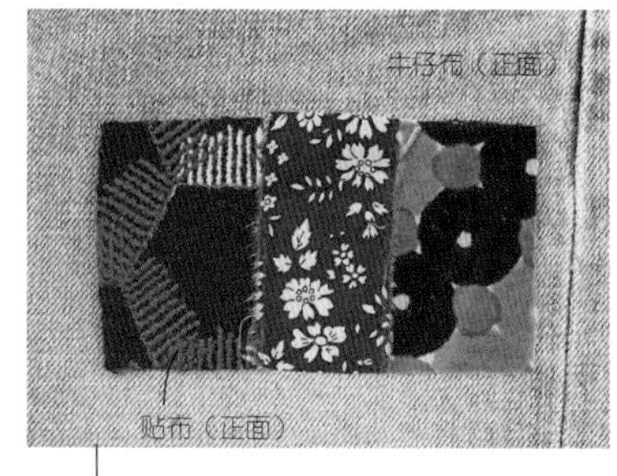

3 去掉双面热熔黏合衬的剥离纸，将步骤2放在牛仔裤有破洞的地方，熨烫使其粘贴在一起。

4 如果需要缝的地方比较大，在反面放上圆底容器来代替织补蘑菇。

5 首先沿着贴布下边缘缝芝麻盐织补（参照p.13）。

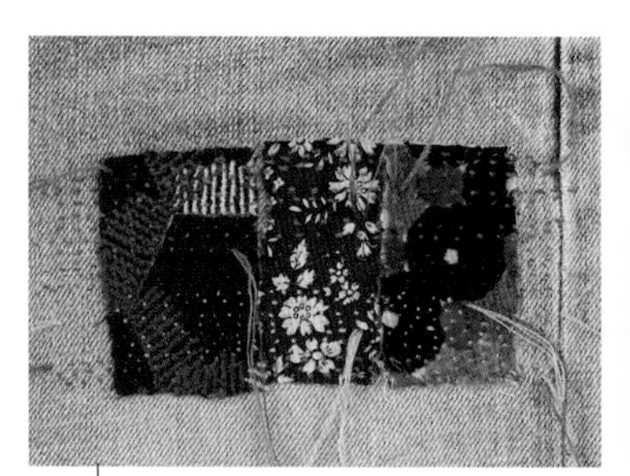

6 从右向左一行行地缝芝麻盐织补。芝麻盐织补的针迹左右两边比贴布要宽1~2cm，在反面处理线头（参照p.15），完成。

织补术 9 在下贴布上织补

将贴布衬在破洞下面。
沿着破洞边缘刺绣，使破洞不会进一步扩大。
经常用在牛仔裤的膝盖和衬衫肋部的破损处。

适用情况

中等大小的破洞，
任何材质、位置都可以。

使用线
手缝丝线（褐色）
其他
天鹅绒缎带（或尺寸合适的布头）

before

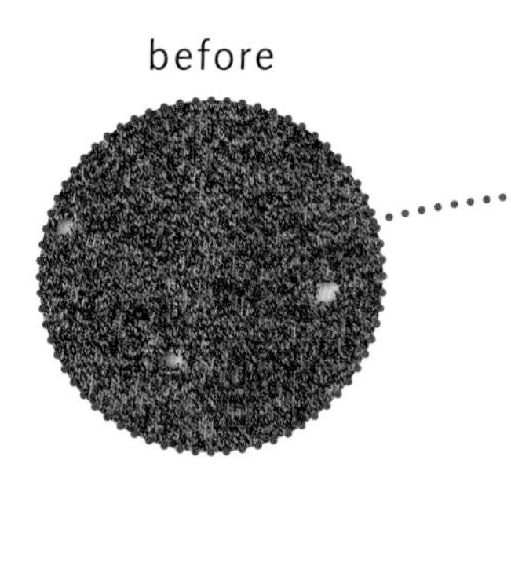

after

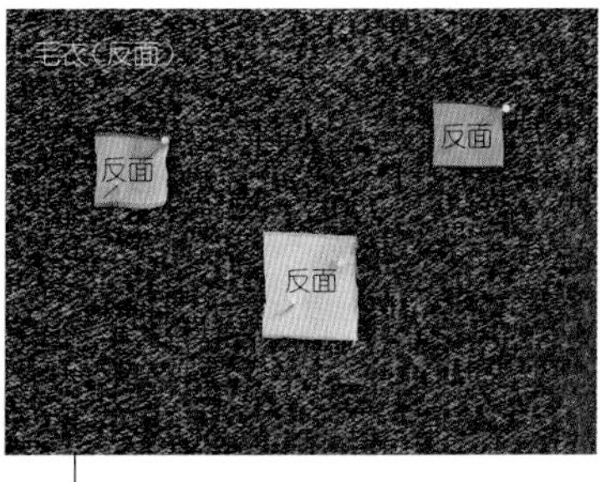

1 将衣物翻到反面，将天鹅绒缎带放在破洞上，用珠针固定。

2 在缎带周围疏缝后取下珠针。

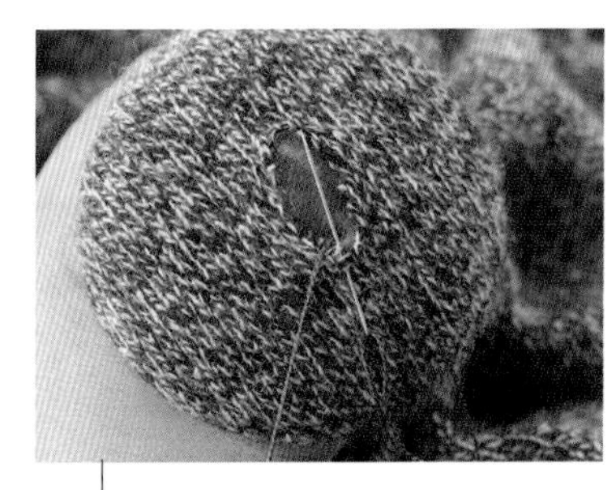

3 翻回正面，在反面放上织补蘑菇，沿着破洞边缘做锁边绣（扣眼绣，参照p.49）。

4 挑起缎带刺绣，细细密密地刺绣即可。

5 刺绣一周后，挑起第一针。

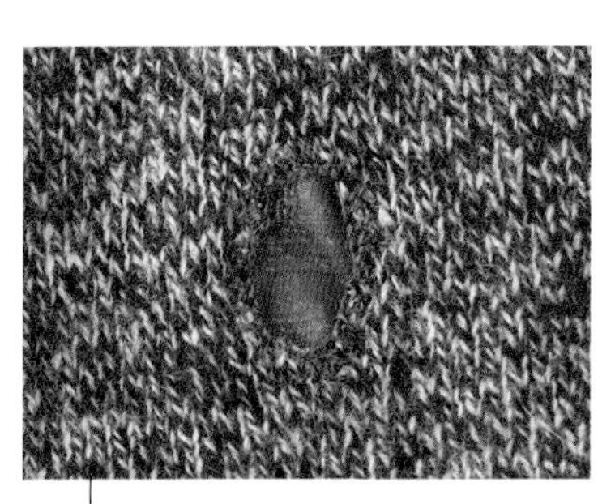

6 在反面处理线头（参照p.18），完成。

第1篇　秋冬衣物织补术

外套和围巾等较厚的保暖性衣物，因为常年使用，经常会出现破损。
用有装饰效果的织补技法，让旧衣物焕发新颜。

01

Repairmake
02

围巾

受损情况：
咖啡渍和脱线
使用线：马海毛线
How to make
在污渍处做圆形蜂窝织补（p.48）。

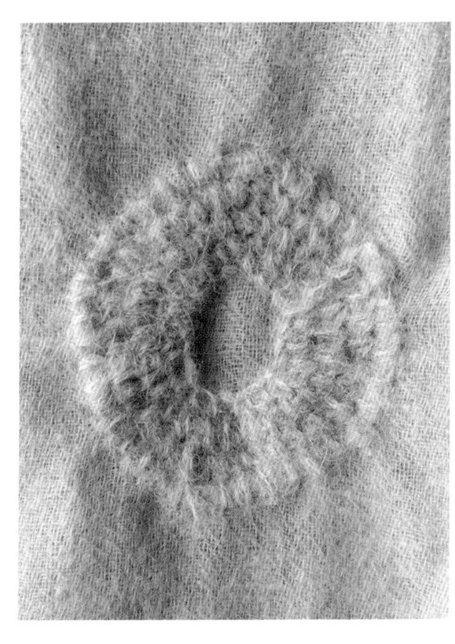
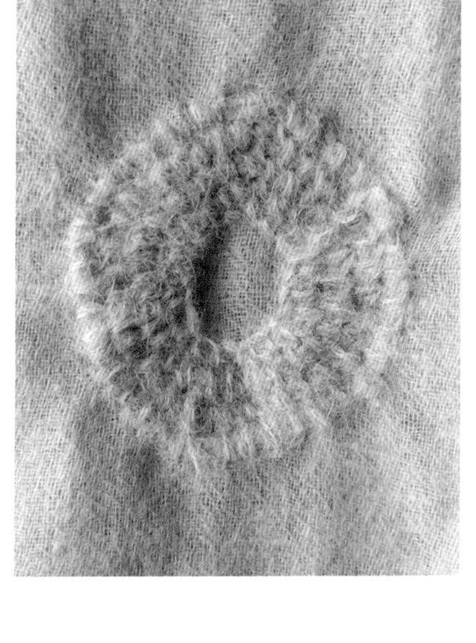

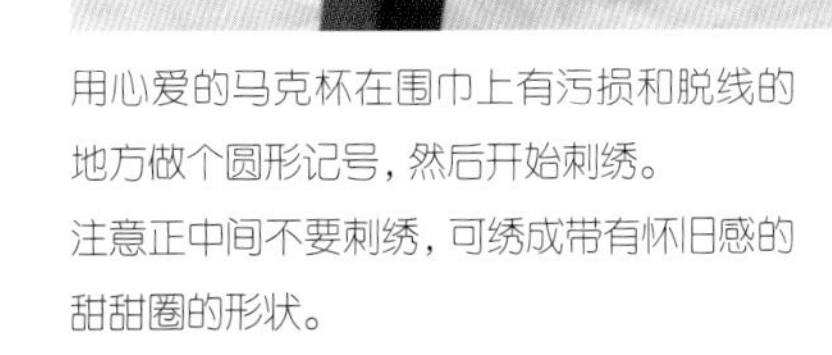
用心爱的马克杯在围巾上有污损和脱线的地方做个圆形记号，然后开始刺绣。
注意正中间不要刺绣，可绣成带有怀旧感的甜甜圈的形状。

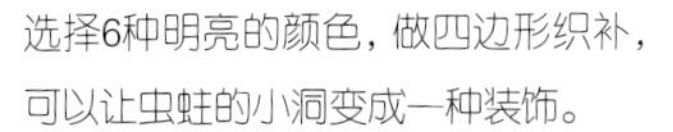
选择6种明亮的颜色，做四边形织补，
可以让虫蛀的小洞变成一种装饰。

Repairmake
01

披肩

受损情况：虫蛀小洞
使用线：极细毛线
How to make
在破洞上做基本的四边形织补（p.16）。
破洞反面也做四边形织补，完成双面织补（p.19）。

Repairmake
03

连指手套

受损情况：
指尖有磨损
使用线：中细毛线
How to make
在食指和拇指指尖做四边形织补。

非常喜欢连指手套如田园诗歌般优美的形状，但食指和拇指指尖经常会被磨损。深驼色的连指手套，用稍微鲜亮的毛线修补会很漂亮。

Repairmake
04

分指手套

受损情况：
指尖有磨损或小洞
使用线：极细毛线、刺绣线

How to make

根据破洞的形状，做变化的四边形织补（p.22）。
手指部分要用到织补棒。

旅途中，指尖和第2指关节附近出现了磨损。用手头的刺绣线先大致修补一下，然后用极细毛线在变薄的地方织补。

03

在英国买的 Gloverall 牌的黄色连帽式粗呢厚外套，右领口处有明显的磨损。仔细地挑起面料做英式织补，让针迹和织物融为一体。

Repairmake
05

连帽式粗呢厚外套

受损情况：
衣物磨得像裂开一样
使用线：极细毛线、
25号刺绣线、细毛线
How to make
织补方法参照 p.24。

Repairmake
06

驼色大衣

受损情况：
常年穿着而出现严重磨损
使用线：
段染马海毛线
How to make
在磨损的地方做芝麻盐织补(p.13)和四边形织补(p.16)。袖口做锁边绣(p.49)。

为了和传统的驼色大衣更加贴合，使用了类似亮度的混合丝线的段染马海毛线。色泽雅致、有韧性的马海毛线非常耐磨，最适合用来修补磨损的地方。

第2篇　毛袜织补术

磨毛了，磨薄了，甚至磨出洞了，总之毛袜很容易出现这几种情况。
但如果用色彩斑斓、耐磨的马海毛线修补，还可以穿好久。

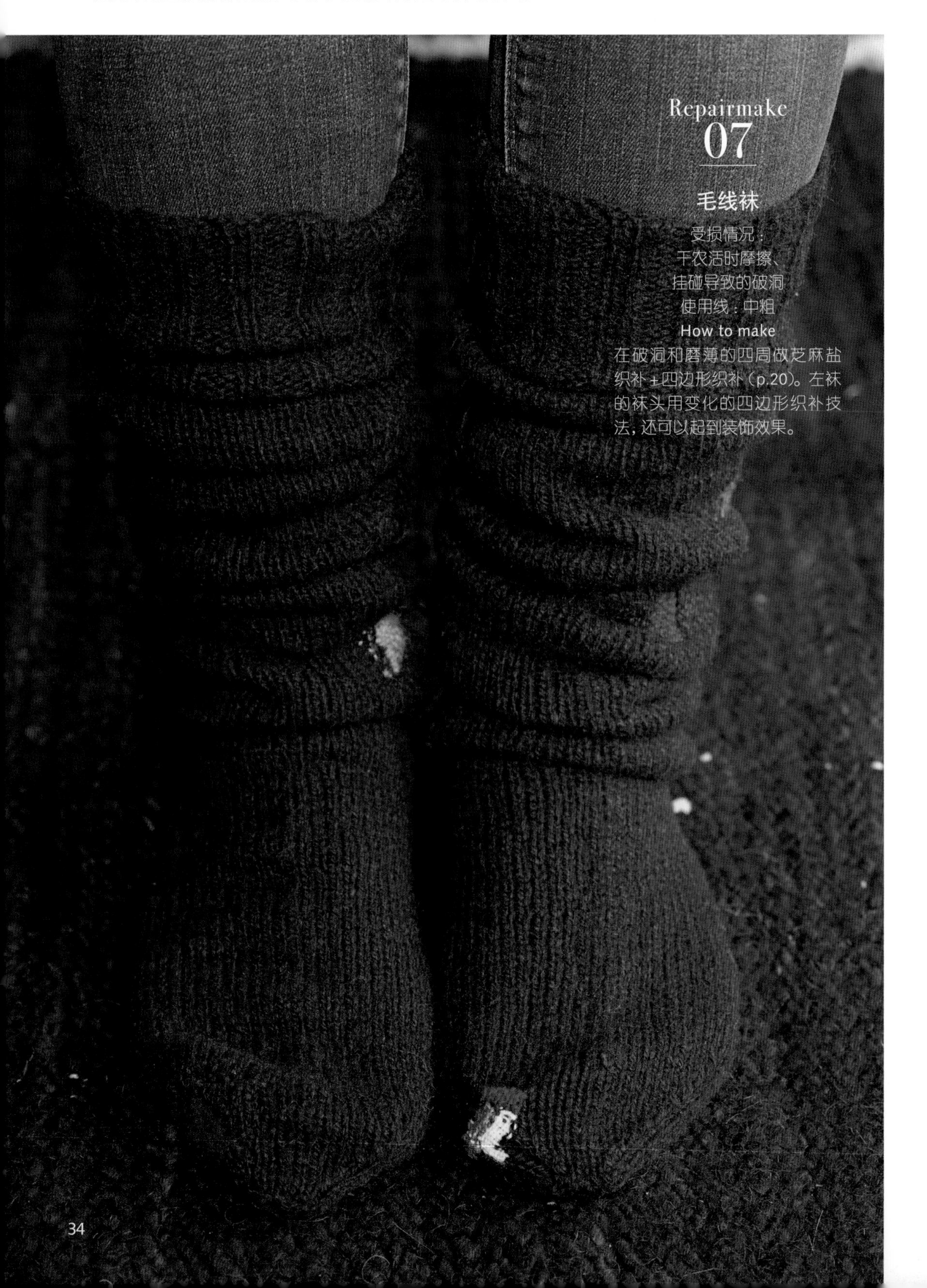

Repairmake
07

毛线袜

受损情况：
干农活时摩擦、
挂碰导致的破洞
使用线：中粗
How to make
在破洞和磨薄的四周做芝麻盐织补+四边形织补（p.20）。左袜的袜头用变化的四边形织补技法，还可以起到装饰效果。

Repairmake
08

长筒袜

受损情况：
长年穿，有磨损
使用线：极细马海毛线

How to make

在磨损比较轻微的地方做交叉乱织补（p.13），袜跟和磨损比较严重的地方，做锁链绣织补（p.47）。

Repairmake
09

长筒袜

受损情况：
长年穿，有磨损
使用线：极细马海毛线

How to make

根据袜跟、袜头磨损部分的形状，做蜂窝织补（p.48）。

羊毛材质的袜子，不管穿得多么爱惜，袜头和袜跟还是很容易磨损。锁链绣织补和蜂窝织补是应对这种情况的绝妙方法。简单地在上面刺绣，就可以继续穿很久。

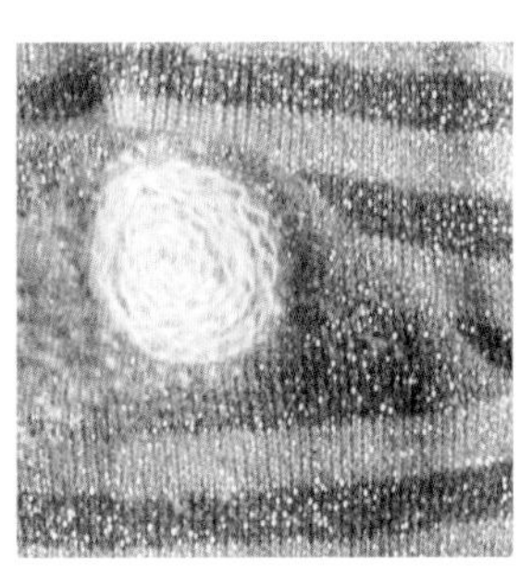

Repairmake
10

长筒袜

受损情况：
长年穿着出现磨损
使用线：极细马海毛线
How to make
用黄色和米色的马海毛线，在左袜跟做蜂窝织补（p.48）和锁链绣织补（p.47），右袜跟做手风琴织补（p.25）。

Repairmake
11

长筒袜

受损情况：
长年穿着出现磨损和破洞
使用线：极细毛线、
极细马海毛线、
手缝丝线
How to make
磨损较轻的地方做芝麻盐织补（p.13），袜头的破洞用四边形织补（p.16）。

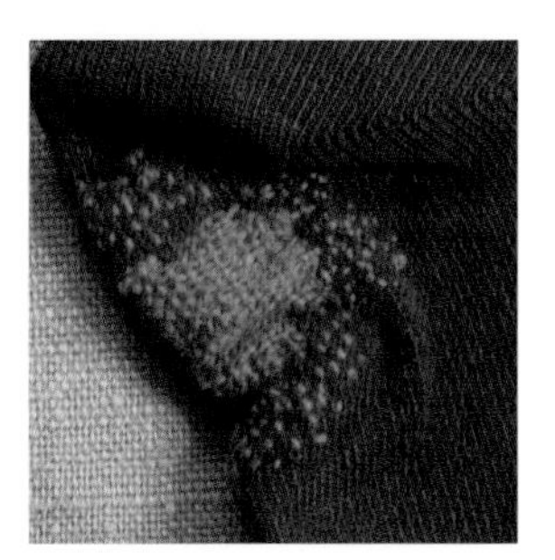

Repairmake
12

长筒袜

受损情况：
长年穿着出现磨损和破洞
使用线：极细马海毛线、
极细毛线
How to make
用芝麻盐织补+四边形织补的方法修复。磨损面积较大时，用英式织补（p.24）的方法。

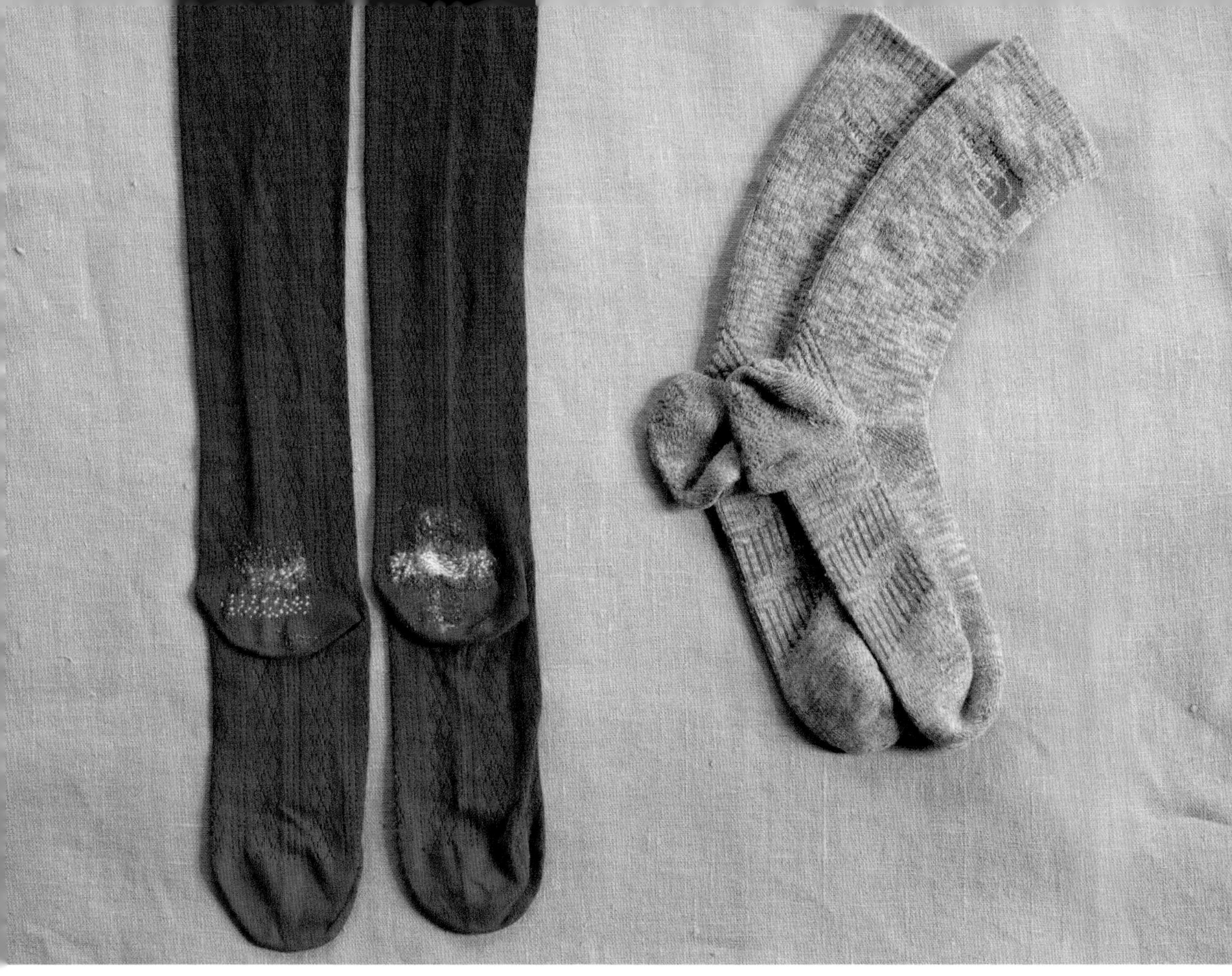

海军蓝色和大地色的外穿袜，用色彩明艳的毛线织补，会更加漂亮。

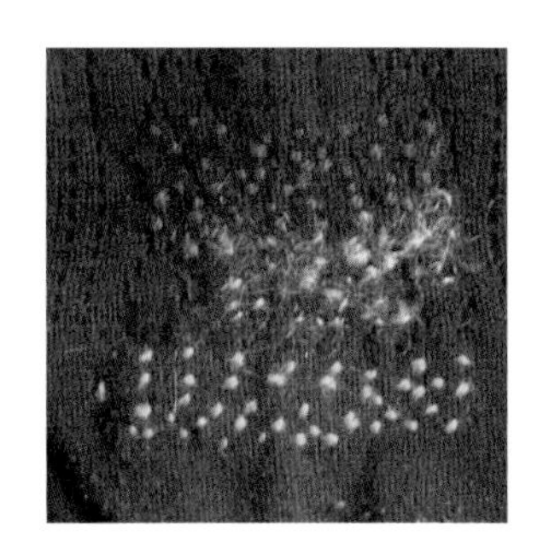

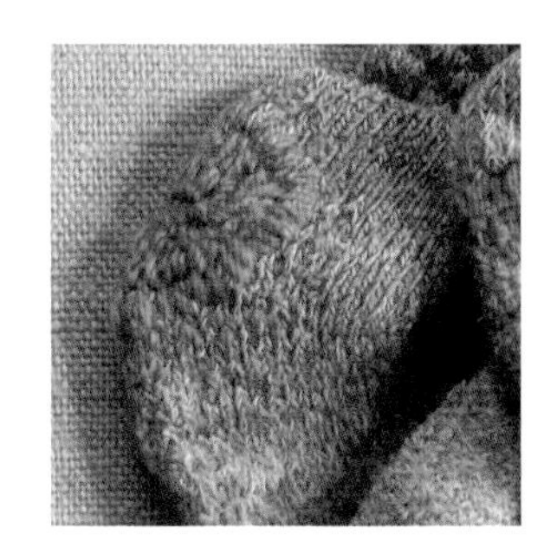

Repairmake 13

长筒袜

受损情况：
长年穿着出现磨损和破洞
使用线：极细毛线、
细毛线、极细马海毛线等

How to make

轻微磨损的左袜跟做芝麻盐织补（p.13），有破洞的右袜跟做芝麻盐织补＋四边形织补（p.20）。

Repairmake 14

长筒袜

受损情况：
长年穿着出现磨损
使用线：混合细棉线

How to make

袜跟做蜂窝织补（p.48），换线时从橙色线换为绿色线。

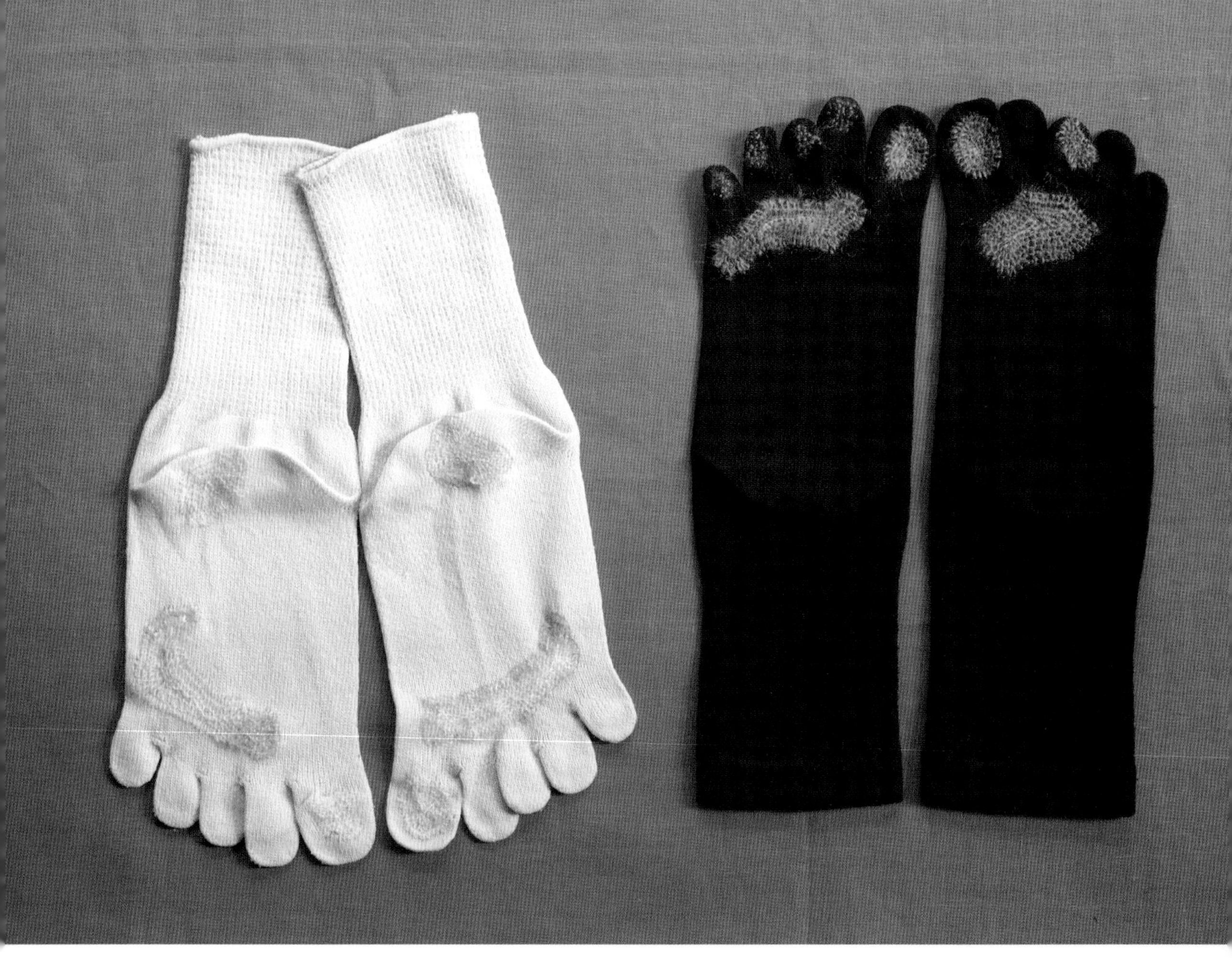

如果袜头用斑斓的色彩点缀，会给人优美的视觉享受。所以，尽情使用明艳的颜色点缀袜头吧。

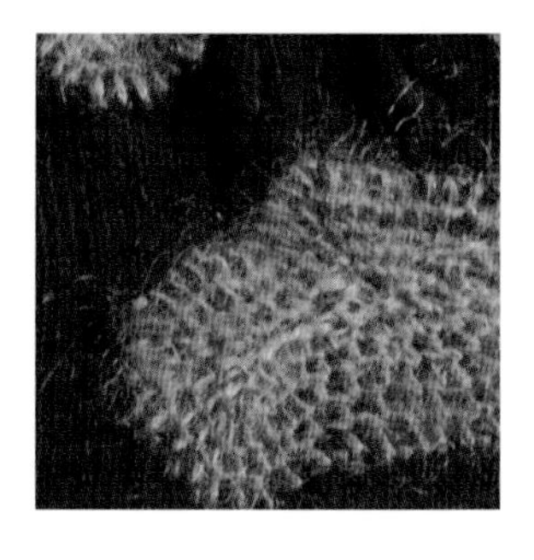

Repairmake
15

五趾袜

受损情况：
长年穿着出现磨损
使用线：极细马海毛线
How to make
在袜跟、袜头和大脚趾等磨损的地方做蜂窝织补（p.48）。

Repairmake
16

五趾袜

受损情况：
长年穿着出现磨损
使用线：极细马海毛线
How to make
在袜头、脚趾等出现磨损的地方做蜂窝织补（p.48）。

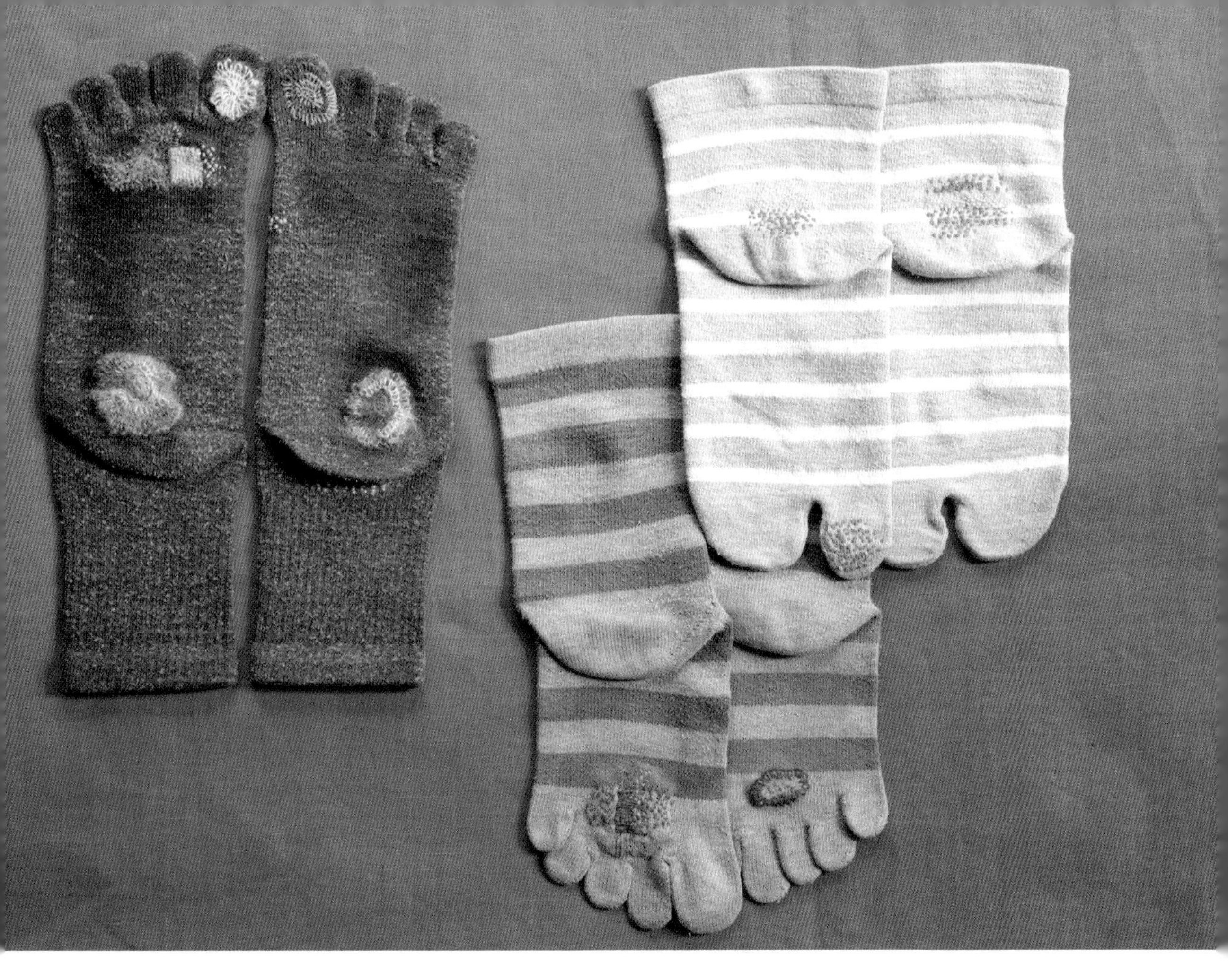

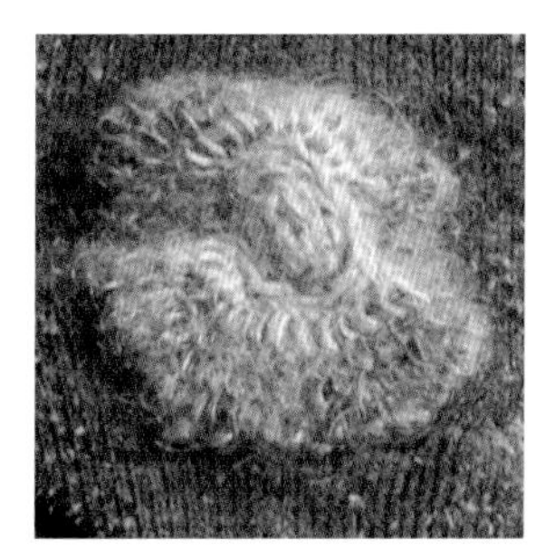

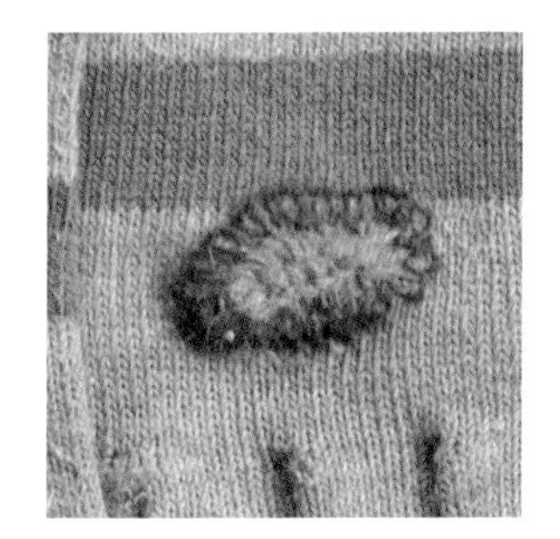

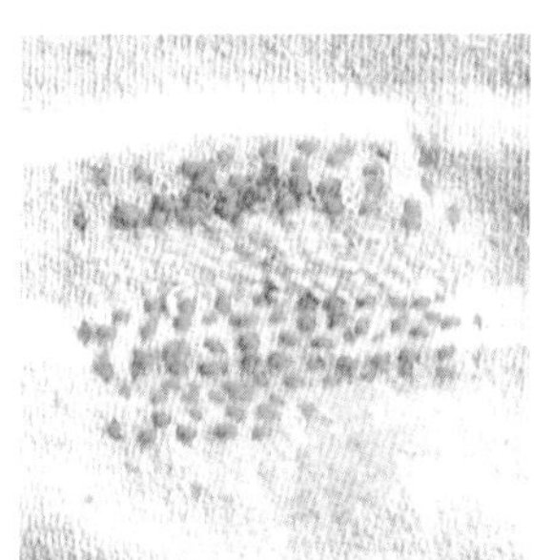

Repairmake
17

五趾袜

受损情况：
长年穿着出现磨损和破洞
使用线：极细马海毛线、
细毛线

How to make

在袜跟、袜头、大脚趾等出现磨损的地方做蜂窝织补（p.48）。在破洞处做芝麻盐织补+四边形织补（p.20）。

Repairmake
18

五趾袜

受损情况：
长年穿着出现磨损和破洞
使用线：极细马海毛线

How to make

左袜出现破洞的地方做芝麻盐织补+四边形织补（p.20）。右袜轻微磨损的地方做蜂窝织补（p.48）。

Repairmake
19

五趾袜

受损情况：
长年穿着出现磨损
使用线：刺子绣线

How to make

在袜跟、脚趾等轻微磨损的地方做芝麻盐织补（p.13）。

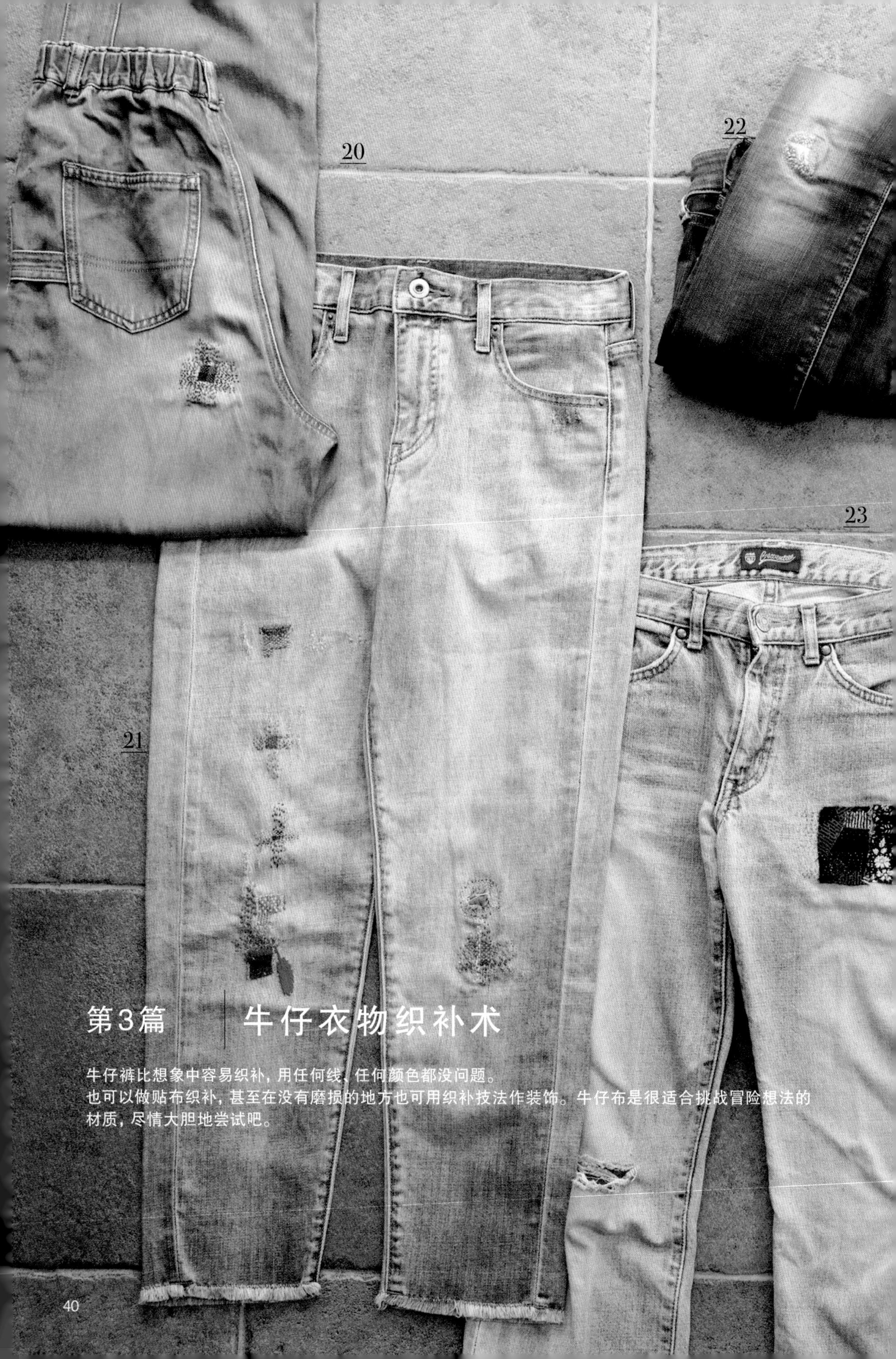

第3篇　牛仔衣物织补术

牛仔裤比想象中容易织补，用任何线、任何颜色都没问题。
也可以做贴布织补，甚至在没有磨损的地方也可用织补技法作装饰。牛仔布是很适合挑战冒险想法的材质，尽情大胆地尝试吧。

24
25

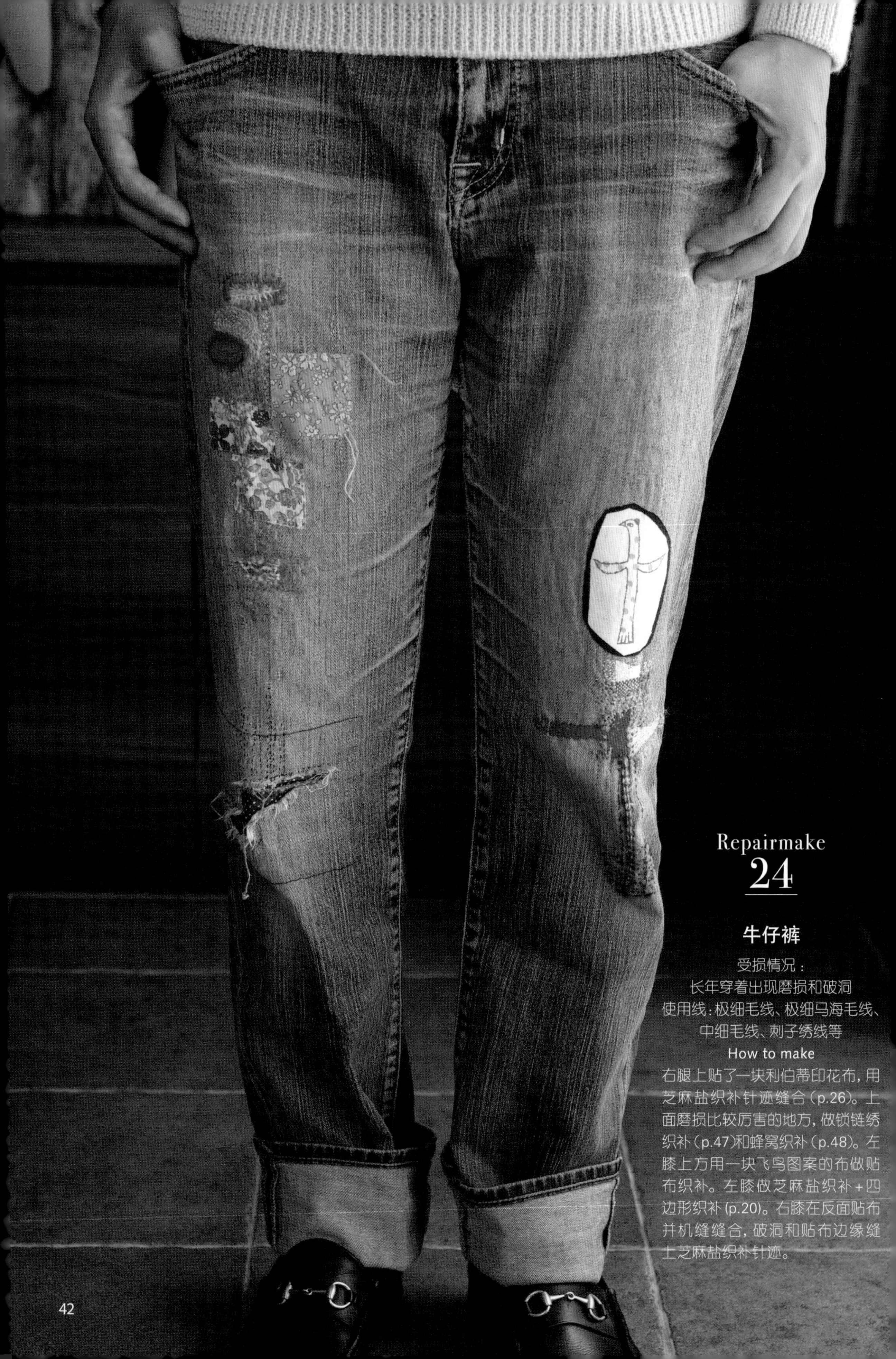

Repairmake 24

牛仔裤

受损情况：
长年穿着出现磨损和破洞
使用线：极细毛线、极细马海毛线、中细毛线、刺子绣线等

How to make

右腿上贴了一块利伯蒂印花布，用芝麻盐织补针迹缝合（p.26）。上面磨损比较厉害的地方，做锁链绣织补（p.47）和蜂窝织补（p.48）。左膝上方用一块飞鸟图案的布做贴布织补。左膝做芝麻盐织补＋四边形织补（p.20）。右膝在反面贴布并机缝缝合，破洞和贴布边缘缝上芝麻盐织补针迹。

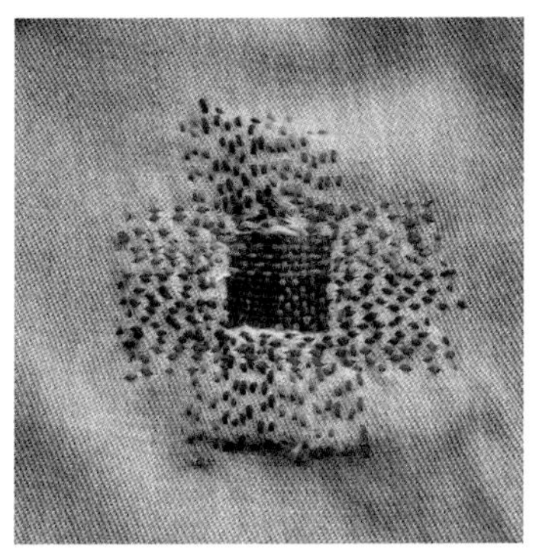

Repairmake
20

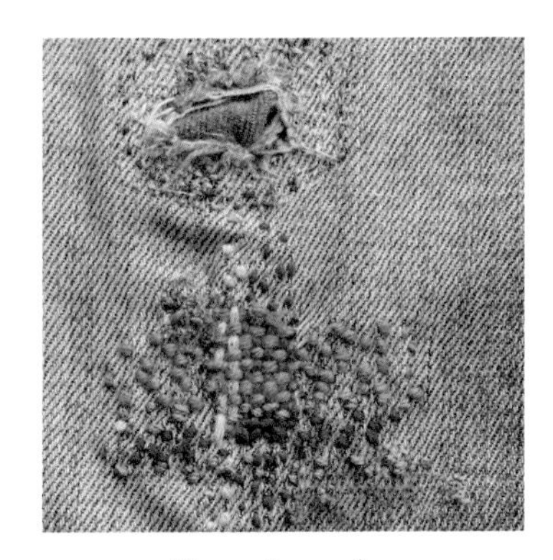

Repairmake
21

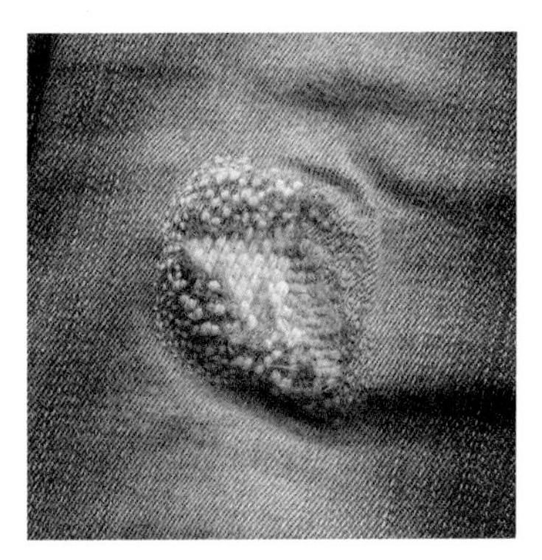

Repairmake
22

Repairmake
23

牛仔裤

受损情况：
长年穿，有损坏
使用线：麻线刺绣线、
25号刺绣线、刺子绣线等
How to make
织补方法参照p.26。

Repairmake
20~22、25

牛仔裤

受损情况：
长年穿，有磨损，
原本做破旧处理的地方磨坏了
使用线：
极细毛线、极细马海毛线、
中细毛线、刺子绣线等
How to make
破洞和周围磨损的地方做芝麻盐织补+四边形织补（p.20）。作品21从反面贴布，并在周围缝上芝麻盐织补针迹加固（p.27）。把握整体的平衡感，在喜欢的地方加上织补针迹。

如果牛仔裤的磨损面比较大，甚至出现了破洞，组合使用芝麻盐织补+四边形织补会有很好的装饰效果。

Repairmake
26

牛仔外套

受损情况：
有漂白剂和油漆的痕迹、破洞
使用线：刺子绣线、细毛线、麻线

How to make

在污渍、破洞处做四边形织补（p.16）、芝麻盐织补+四边形织补（p.20）、手鼓绣织补（p.49）。在袖口缝上芝麻盐织补针迹以加固。

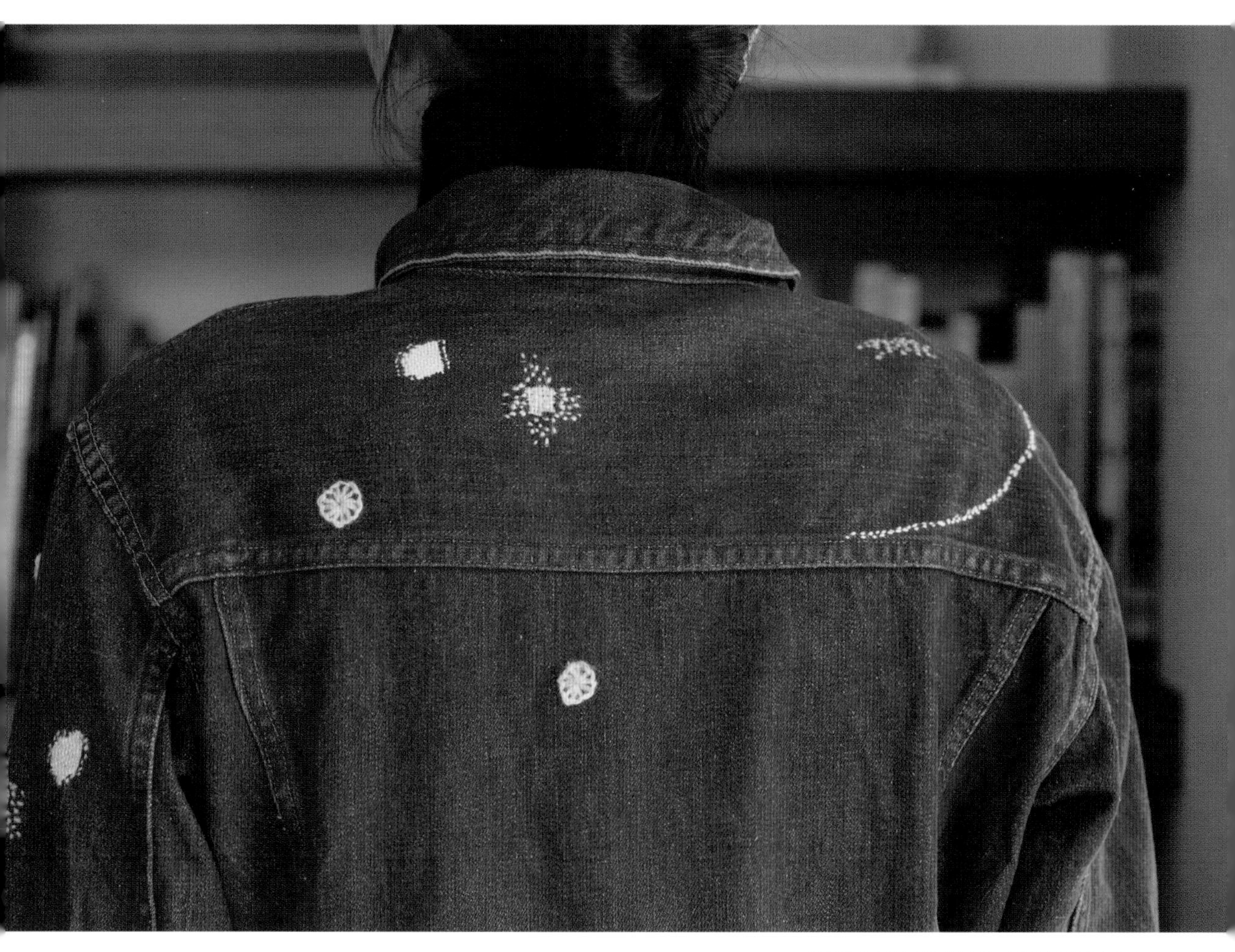

磨损的地方七零八落的，因此混合使用了四边形织补、芝麻盐织补+四边形织补、手鼓绣织补等多种织补技法。织补图案很像夜空中的星星，还想象着流星的样子，用芝麻盐织补将织补图案连在了一起。

最后在袖口和前门襟缝上芝麻盐织补针迹，让整体设计具有协调感。当然，只在磨损的地方做织补也会很漂亮。

专栏一

可以替代织补蘑菇的东西

生于1905年的祖母将灯泡衬在破洞下缝缝补补的身影，依稀留在我的记忆中。除了灯泡，日常生活中还有其他东西可以代替织补蘑菇。

下面将上图从左至右开始介绍。首先是威尼斯玻璃材质的蘑菇摆件。富有光泽的黄色塑料球是中空的，像棱镜一样可以透过光线，适合细细密密地缝补薄外套时使用。在举办面向学生的织补术讲习班时，会在游戏中心的垃圾箱里拾捡塑料球当作织补蘑菇使用。塑料球可以一掰两半，用来收纳针线。不过，塑料球表面的弧度有些陡，用的时候不是很顺手。后面是南非鸵鸟牧场的朋友送给我的鸵鸟蛋壳。它很适合织补牛仔裤膝盖等破洞比较大的地方。日本的鸵鸟牧场也有出售。带斑点的东西是绶贝。在维多利亚时代，说起修补衣物，人们必定会想到绶贝，而不是织补蘑菇。扁平的银质点心钵很适合修补大面积的破洞。小芥子娃娃只要头顶平整即可。葫芦很方便握取，适合长时间织补。

其他圆形或椭圆形的积木、摆件，以及汽车的头灯、响葫芦、夏天的小玉西瓜等，只要我们留心，一定可以在日常生活中发现很多可以替代织补蘑菇的东西。

织补术 10 锁链绣织补

使用刺绣技法做织补，首推锁链绣织补。
像旋涡一样一圈圈地做锁链绣。
破损处填满了锁链绣，可以有效地对衣物进行加固。

适用情况

适合磨薄、受损的衣物，尤其是磨破的袜子。

使用线

极细马海毛线（浅绿色）

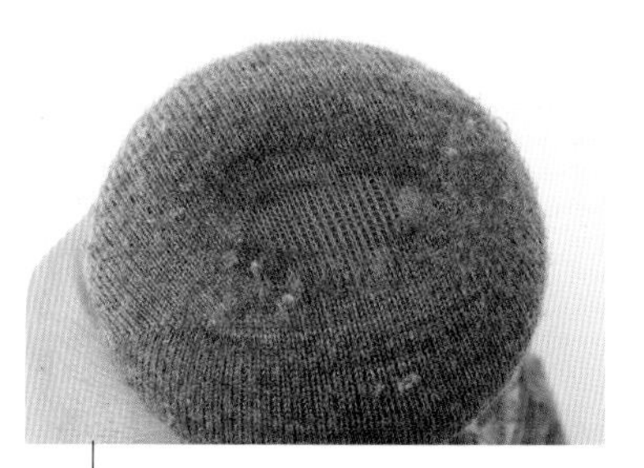

1 将织补蘑菇放在袜子出现破洞的地方，拿好。

2 在破洞外侧5mm处做一圈平针缝。

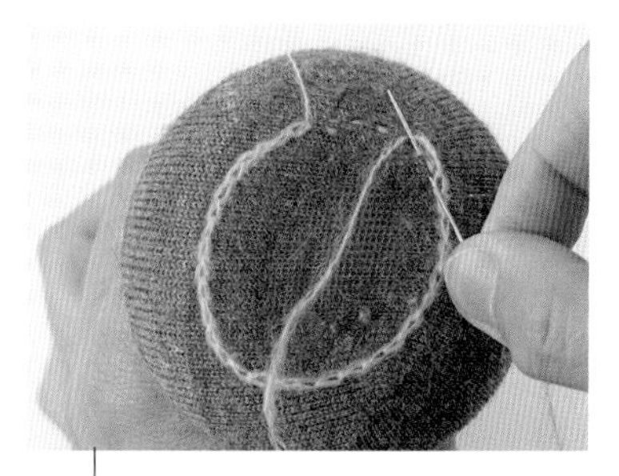

3 沿着步骤2缝出的轮廓，逆时针方向做锁链绣。

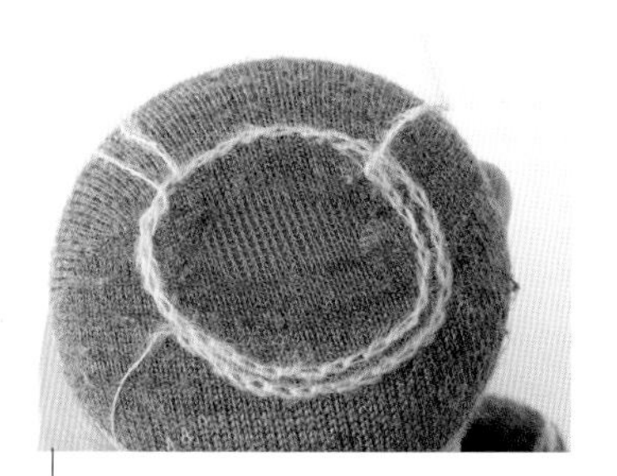

4 绣完一圈后，继续一圈一圈地在内侧做锁链绣。

5 直至绣至中心。在中心处从反面出针，处理线头（参照p.18）。

6 取出织补蘑菇，完成针迹密集的锁链绣织补。反面也呈现出旋涡图案。轻轻熨烫，让针迹和袜子更加贴合。

锁链绣

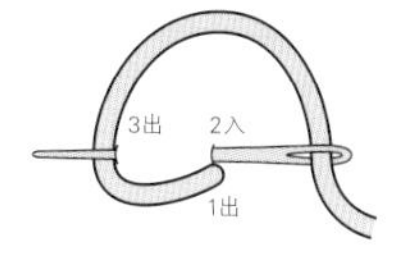

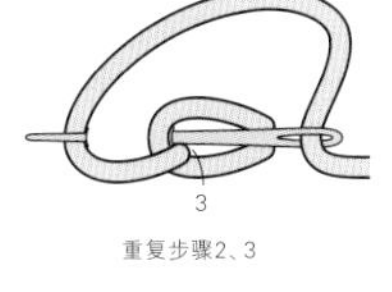

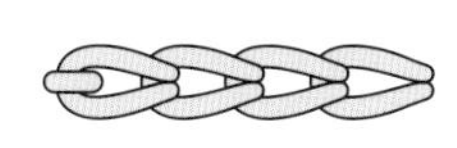

织补术 11 蜂窝织补

运用锁边绣技法，修补受损的衣物。
从外向内，用刺绣针迹填充破损的地方。
针迹很像蜂窝，因此叫作蜂窝织补。

适用情况

磨薄、受损的衣物，以及范围较大的污渍等。

使用线

极细马海毛线（黄色、粉色、橙色）

1 将织补蘑菇放在袜子出现破洞的地方，在破洞外侧5mm处做一圈平针缝。

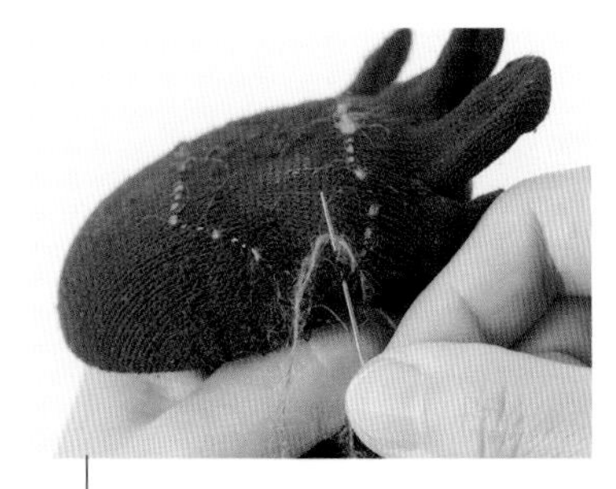

2 沿着步骤1缝出的轮廓做锁边绣（参照p.49）。在轮廓处向内挑一针，将线从针尖下绕过。

3 拔出针，将线拉平。

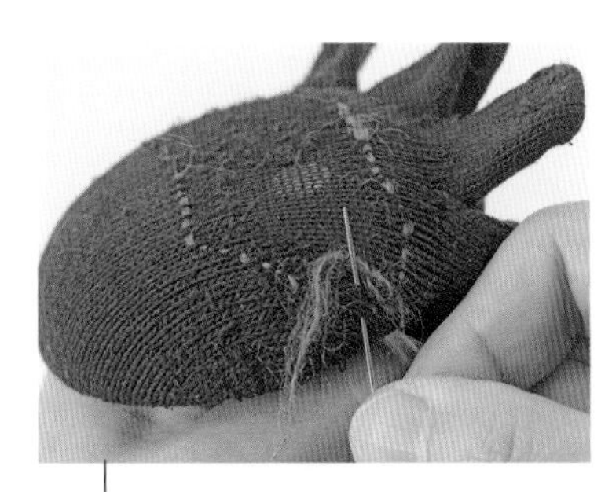

4 留一点间隔向左缝一针，将线从针尖下绕过。顺时针方向重复上述针法。

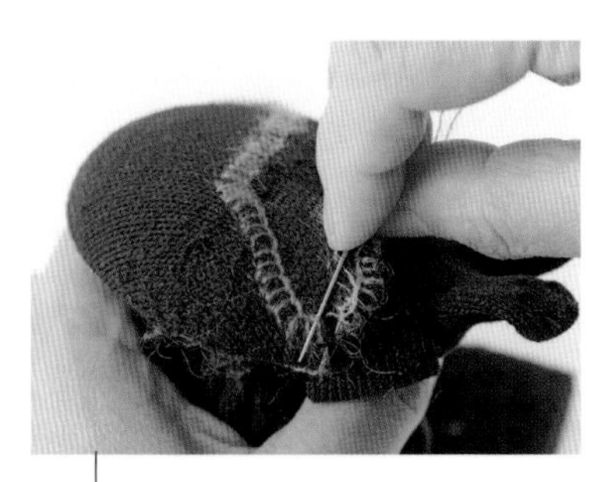

5 绣一圈后，将针插入第一针的针迹里挑一针。

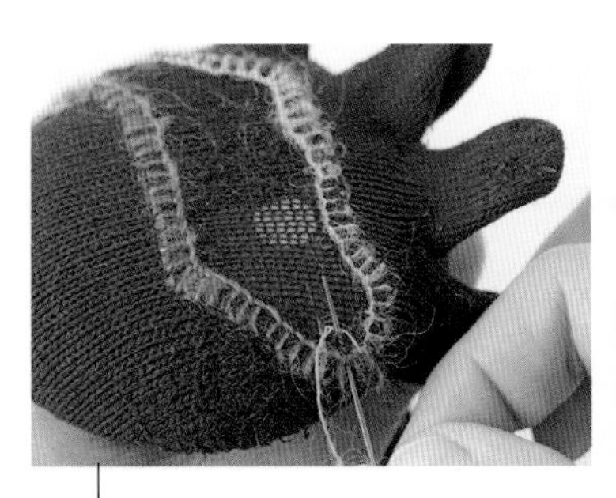

6 继续绣第2圈。从第1圈的内侧向中心缝一针，将线从针尖下绕过，按照第一圈的方法刺绣。

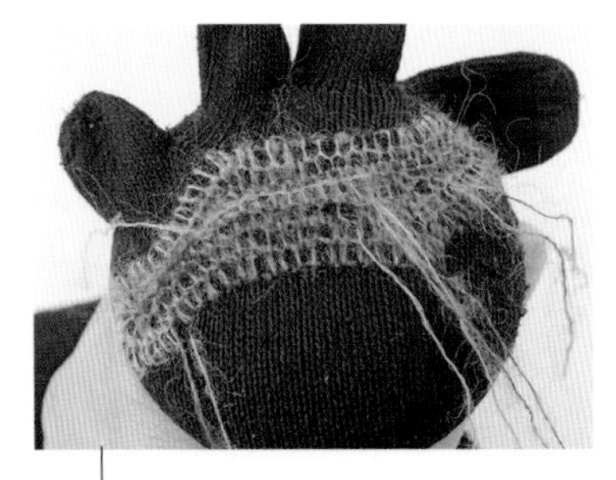

7 不断向内侧刺绣，一直绣到中心，完成。刺绣时，注意让针尖朝向中心。

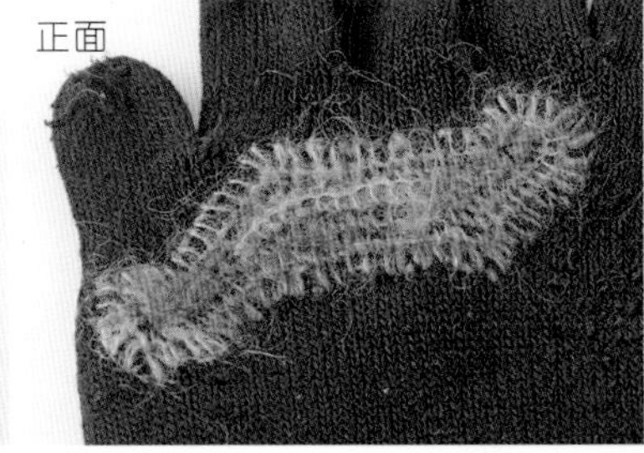

8 在反面出针，处理线头（参照p.18）。轻轻熨烫，让针迹和袜子更加贴合。锁边绣刺绣时，注意使反面保持平整，这样才会亲肤。

织补术 12 手鼓绣织补

如果污损的地方很小，想快速修补好，就用这种技法吧。
将毛毯织补稍加变化，就成了手鼓绣织补技法。
只绣一处，或者多绣几处，都很好看。

适用情况

小污渍或小洞。

使用线

25号刺绣线

1 将织补蘑菇放在钢笔染上的污渍处。

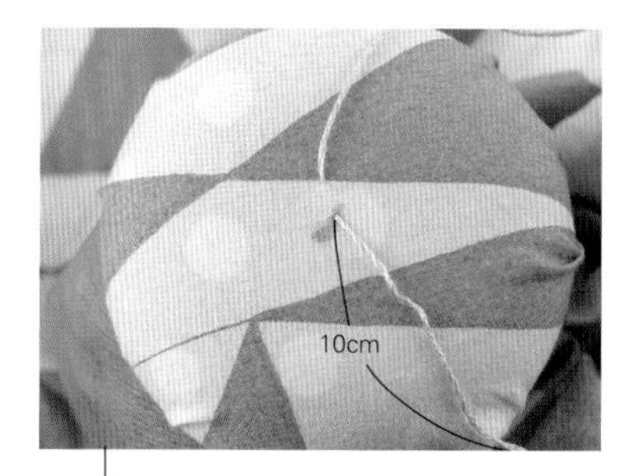

2 在污渍中间入针，向外缝一针，将线拉好。线头留10cm左右。

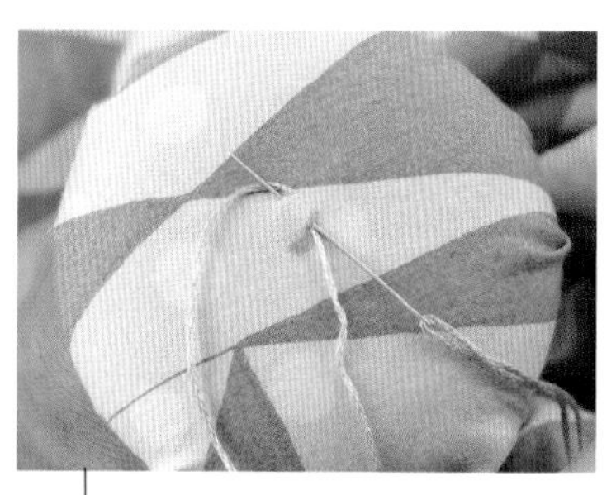

3 再次在步骤2入针的中央处入针，在第一针的左边出针。将线绕在针尖下面，拔针并拉好线。

4 按照步骤3的方法，沿逆时针方向刺绣。

5 绣完一圈，将针穿入第一针的针迹。

6 在反面出针，处理线头（p.18），完成。还可以在外边绣一圈锁边绣，加大图案。

锁边绣（扣眼绣）

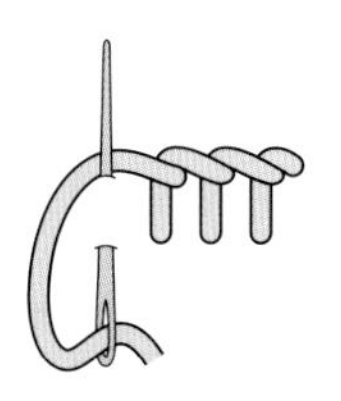

手鼓绣

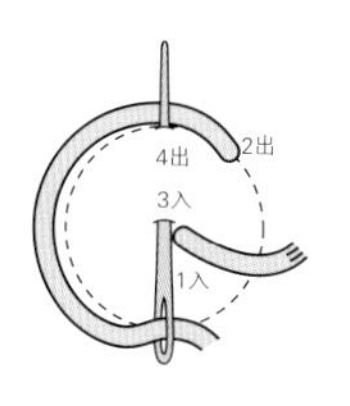

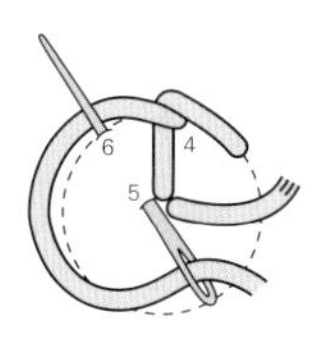

绣紧密一点

第4篇　毛衣织补术

毛衣如果出现了破洞，普通人是没有办法修补的，但如果运用织补术就可以！
可以用同色系的毛线，让修补痕迹看不出来，也可以用色彩鲜亮的毛线，让修补痕迹变成点缀！

Repairmake
27

毛衣

受损情况：
原因不明的小洞
使用线：极细毛线、极细马海毛线
（2根刺绣线，或1根手缝线）

How to make

用四边形织补的技法（p.16）盖住小洞。还可以用三角形等变形技法做织补（p.22），并在周围点缀一些手鼓绣织补图案（p.49）。

大家都有薄毛衣。长年穿，上面会出现一些原因不明的小洞。利用四边形织补、三角形织补、长方形织补等技法，再在周围绣一些手鼓绣织补图案作点缀。

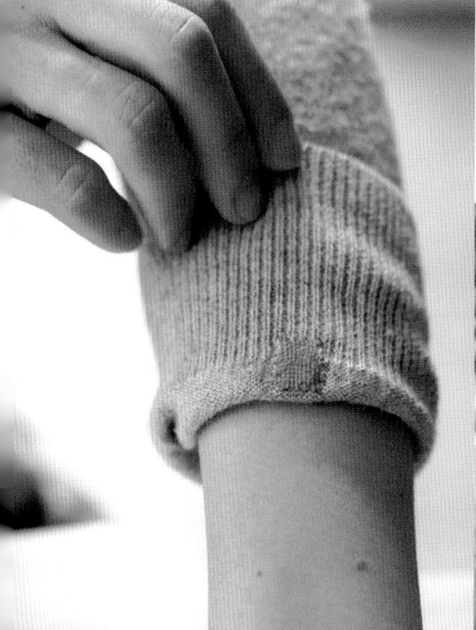

袖口的破洞做双面四边形织补，这样在卷起袖边的时候，可以看见反面可爱的图案，很特别。

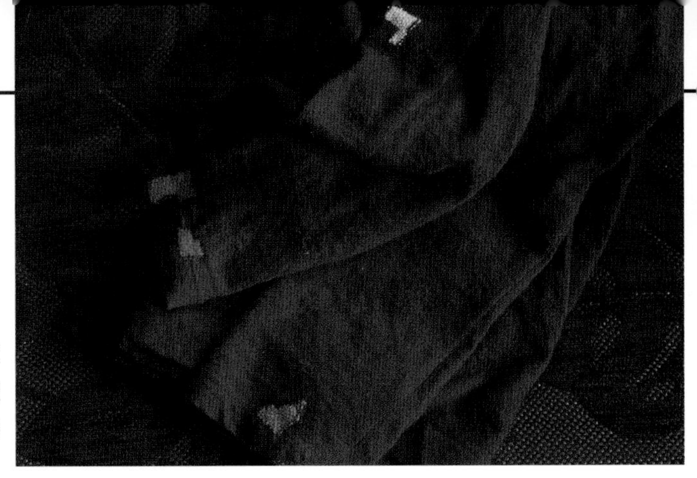

藏蓝色很适合搭配明亮的颜色。用红色、粉色、黄色、蓝色等毛线，把毛衣点缀得色彩斑斓。

Repairmake
28

毛衣

受损情况：
长年穿，袖口破损严重
使用线：极细毛线
How to make
做四边形织补的L形变形织补(p.23)。

Repairmake
29

背心

受损情况：
长年穿，有小洞
使用线：设得兰羊毛线

How to make

在破洞或磨损比较严重的地方做四边形织补（p.16），仔细织补好。在四边形织补外面加上三角形织补（p.22）。

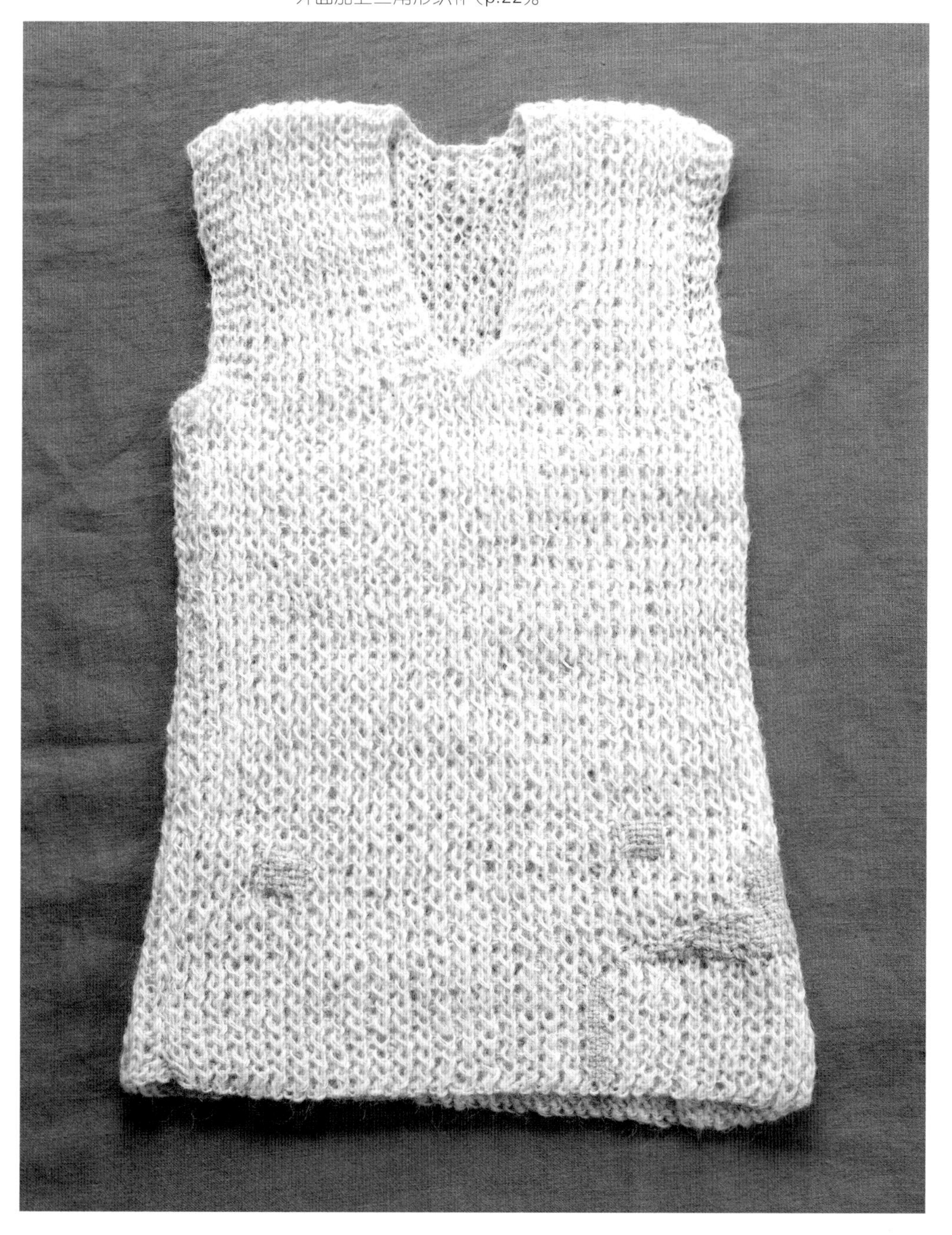

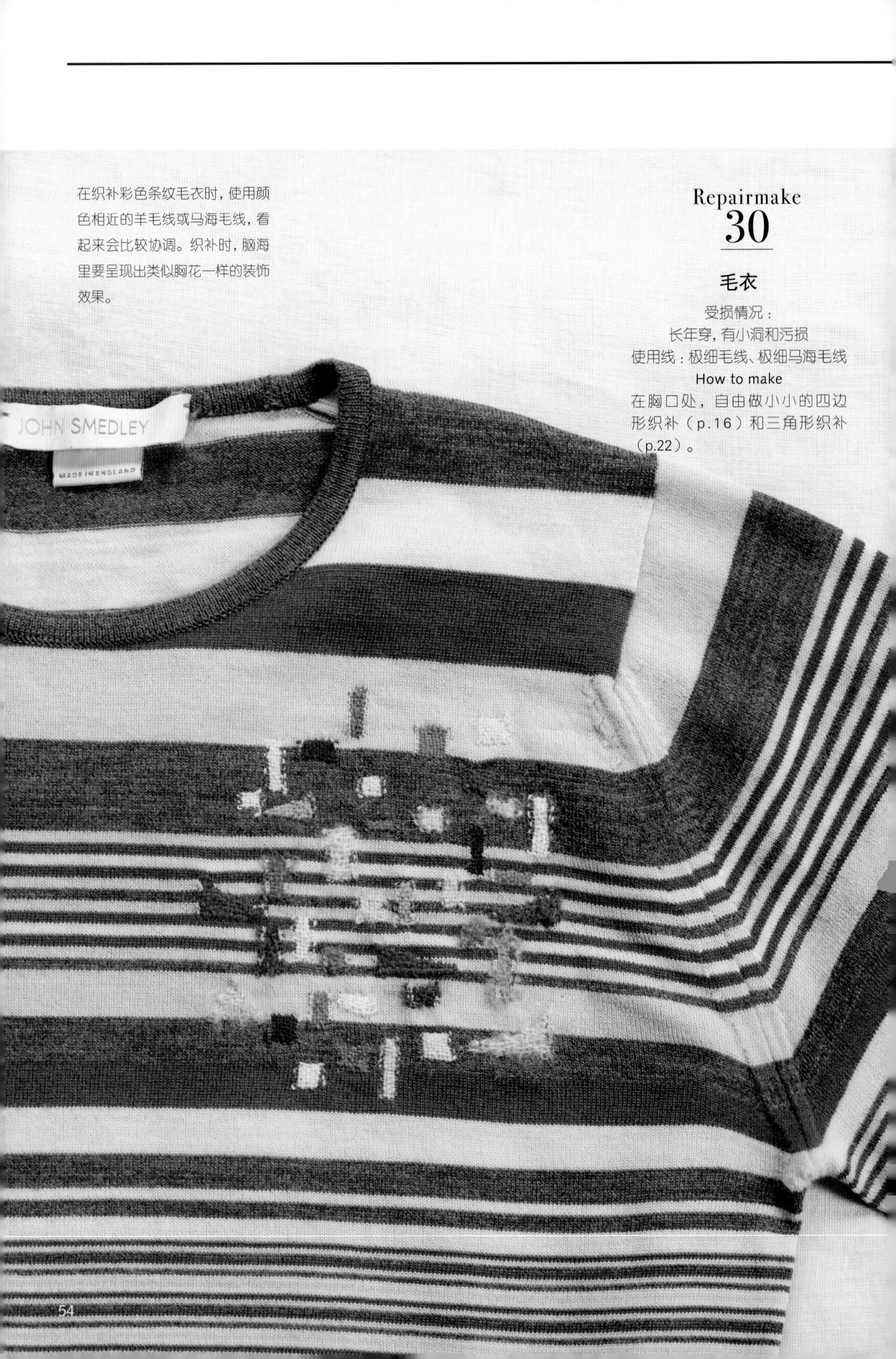

在织补彩色条纹毛衣时，使用颜色相近的羊毛线或马海毛线，看起来会比较协调。织补时，脑海里要呈现出类似胸花一样的装饰效果。

Repairmake
30

毛衣

受损情况：
长年穿，有小洞和污损
使用线：极细毛线、极细马海毛线

How to make

在胸口处，自由做小小的四边形织补（p.16）和三角形织补（p.22）。

想象着初夏清澈的水流，用不同色调、亮度、材质的线材织补。使用棉线、麻线等夏季线材，做细长的三角形织补。

Repairmake 31

毛衣

受损情况：
粘上了类似糨糊的东西，
毛线纤维变硬了
使用线：棉和亚麻材质的刺绣线
How to make
在受损处做三角形织补（p.22）。

Repairmake 32

毛衣

受损情况：
罗纹边缘和主体交界处裂开了
使用线：手缝丝线

How to make

在裂开的地方的反面用一块薄布加固，做芝麻盐织补＋四边形织补（p.20）。为了让接缝更牢固，并让织补的地方更协调，周围也一并做芝麻盐织补。

Repairmake 33

毛衣

使用线：和纸、手缝丝线

How to make

做手风琴织补（p.25）。先用和纸缝纵线，盖住污损的地方。然后用手缝丝线（段染线）横向做芝麻盐织补。

浅色衣物如果不小心沾上了大块污渍，没法漂白，也不好修补。这时，建议使用手风琴织补技法，可以很好地盖住大块污渍。横线也可以用普通手缝线缝。

Repairmake
34

毛衣

受损情况：
拇指指甲大小的虫蛀洞
使用线：手缝丝线、
天鹅绒缎带
How to make
织补方法参照p.27。

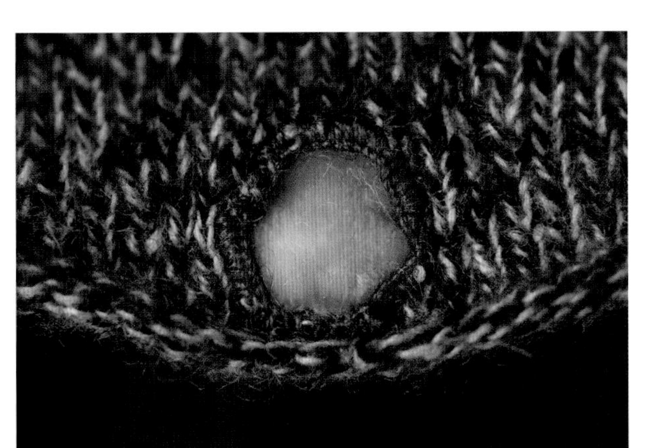

为了贴合轻柔的羊绒衫，使用了富有光泽的天鹅绒缎带。周围用手缝丝线刺绣，完成像胸针一样的图案。

为避免织补针迹过于显眼，使用和毛衣相同粗细的极细毛线。即使用鲜亮的颜色，因毛线很细，也能很好地和毛衣融合，看起来很自然。

Repairmake
35

开衫

受损情况：
长年穿，有小洞和磨损
使用线：极细毛线

How to make
做芝麻盐织补＋四边形织补（p.20）。
在口袋边缘做手鼓绣织补（p.49）。

使用双面织补技法，在反面缝出了同样的针迹，挂在衣架上，目之所及也很美观。

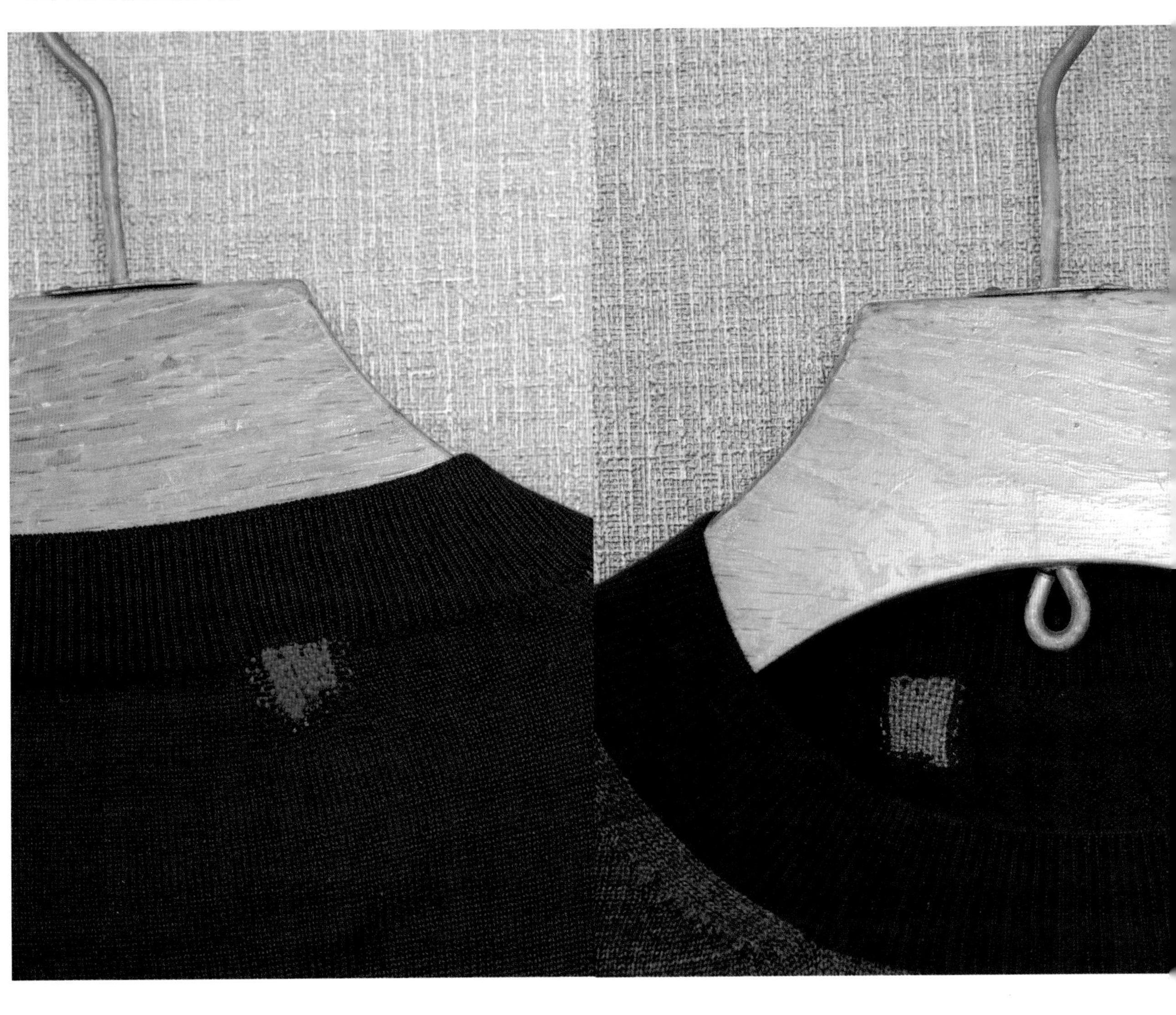

Repairmake

36

男士毛衫

受损情况：
罗纹边缘交界处脱线了
使用线：极细毛线

How to make

从正面做英式织补（p.24）。反面沿着正面的针迹做双面织补（p.19）。

第5篇 衬衫织补术

棉麻材质的衬衫，如果白色部分沾上了污渍，或者因穿的时间太长领口发黄了……
根据衬衫的厚度，选择合适粗细的线材做织补吧。

Repairmake
37

衬衫

受损情况：
有几处咖啡渍
使用线：含有银丝线的中细毛线
How to make
用杯口和杯底在有污渍的地方压出葫芦的形状，用记号笔描绘。做蜂窝织补，一圈圈填充葫芦图案，可以完全填满，也可以在中心留一点空白。

Repairmake 38

衬衫

受损情况：
首饰挂出的小洞、
小污渍
使用线：含有金丝线的极细毛线

How to make

在小洞和污渍上做四边形织补(p.16)，然后留意整体的协调感，自由增加四边形织补图案。

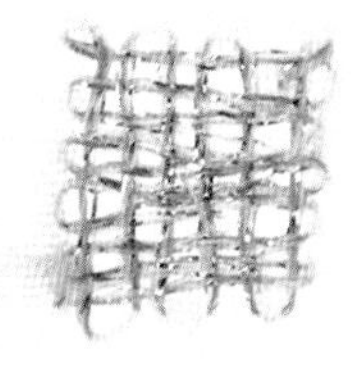

因为不想破坏这款衬衫的柔和之美，所以使用含有金丝线的极细毛线，随意自由地做了一些边长1cm左右的四边形织补。

洁白的衣领渐渐泛黄，穿旧的痕迹日渐显眼。想象着盛夏的流云，在上面做芝麻盐织补。领角做锁边绣起到加固作用。

Repairmake

39

棉衬衫

受损情况：
长年穿，泛黄
使用线：刺绣线
How to make
在泛黄的白色衣领、袖口处，做芝麻盐织补（p.13）。

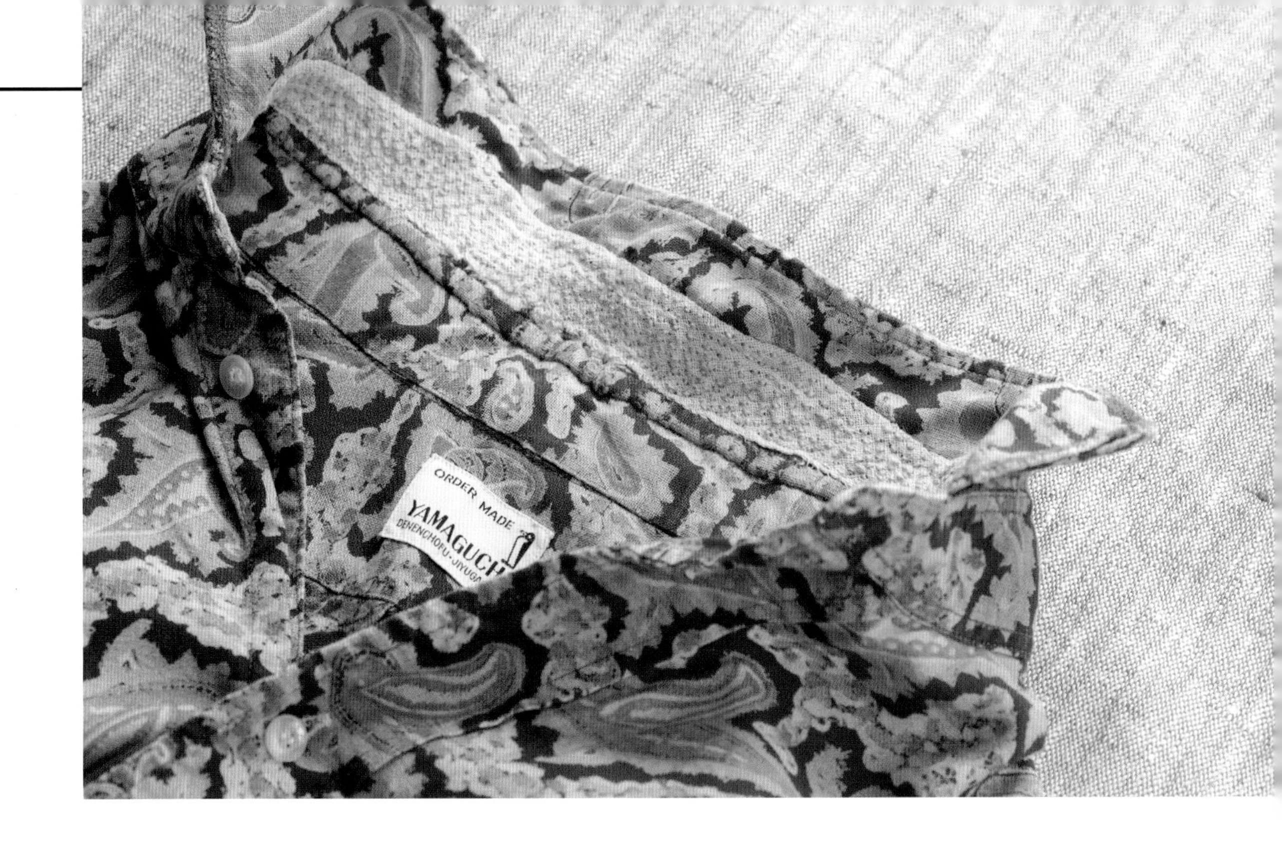

Repairmake
40

亚麻衬衫

受损情况：
长年穿，有点旧
使用线：麻线
How to make
在整个领座细细密密地做芝麻盐织补（p.13）。

Repairmake
41

衬衫

受损情况：
长年穿，胁部有磨损，
还有破洞
使用线：
麻刺绣线、刺子绣线、细毛线、极细马海毛线
How to make
在反面衬布，机缝固定，或者用芝麻盐织补针迹固定（p.26）。磨损比较厉害的地方做芝麻盐织补＋四边形织补（p.20）。下摆开衩处，用刺子绣线做芝麻盐织补＋四边形织补。

第6篇　连衣裙织补术

在心爱的连衣裙上，结合裙子的款式设计织补造型。
细线可以很好地贴合衣物，加入串珠元素可以起到很好的装饰效果，可以根据喜好选择。

用1根绣线细细密密地织补，可以很好地和衣物融合在一起。在下摆有污渍的地方，设计一个手鼓绣织补绣图案。

Repairmake
42

棉布裙

受损情况：
后背出现裂口
使用线：
机缝丝线、机缝聚酯纤维线、刺绣线
How to make
细细密密地做英式织补（p.24）。

Repairmake
43

黑色连衣裙

受损情况：
保存过程中被虫蛀了
使用线：
手缝丝线、珠子
How to make
做四边形织补（p.16），并缝上珠子。注意把握整体的协调感。

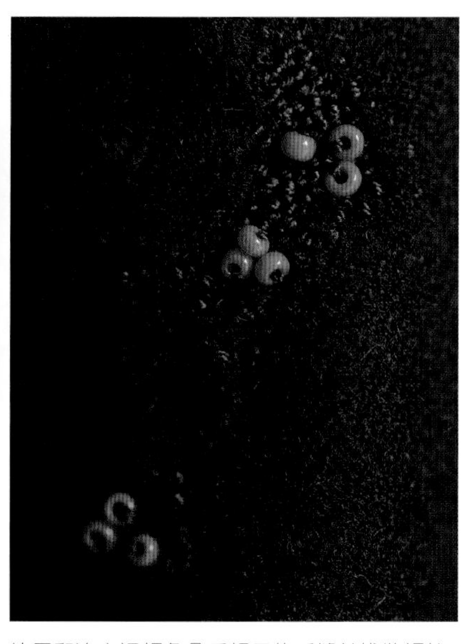

使用和连衣裙颜色几乎相同的手缝丝线做织补，加上小巧的珠子，把雅致的黑色连衣裙点缀得更加漂亮。

Repairmake
44

真丝连衣裙

受损情况：
后裙摆有裂口
使用线：
机缝聚酯纤维线
How to make
在上面贴布，做芝麻盐织补（p.26）。

真丝连衣裙上出现裂口，可以在上面或下面贴布做芝麻盐织补。为了把握整体的协调，在胸口也设计一个装饰。

专栏二
修补这件事

手艺和科学的奇妙关系

最左边的图中是在解剖实验室修补的学生的衬衫。在新运动袜上做织补，对比明显。破旧的毛衫是罗意威（LOEWE）国际手工艺大赛获奖作品，在织补术中获得了新生。

修补可以“用自己的双手延长衣物的寿命，进而抚慰自己和他人的心灵”。2014年，英国伦敦国王学院（King's College London）医学部开展了一个非常有意思的研究课题。

这是纺织艺术家西莉亚·皮姆和生物神经学者理查德·温盖特博士联合研究的课题。皮姆毕业于英国皇家艺术学院的纺织专业，致力于设计、制作融合编织和织布术的作品。温盖特博士则正在研究解剖实习对医学生的心理影响。两人在交流中，发现外科手术和织补术有一个共同点，都是修补。因此，温盖特教授将皮姆带到了解剖实验室的一角，他们进行了为期三个月的织补实验。皮姆每天为大学附属医院的医学生和工作人员修补衣物，和他们交流他们对衣物的感情和衣物损坏的过程，了解他们的生活习惯和生活状态。每天对着捐献的遗体反复进行解剖实习，虽然是医学生，也有人不习惯，会觉得紧张、恐慌。那些学生会在不紧不慢地修补着衣物的皮姆旁边坐一会儿。等心情平复后，继续回到解剖实习中。

“在解剖室里，边和医学生聊天，边进行织补。即使是非常娴熟的织补技巧，也没法让衣服恢复到新品时的状态，但可以让衣物变得可以穿了，这里面包含着对物品的珍爱之情。衣物如此，身体也如此。能够和医学生们在同一个空间里进行解剖（拆解磨损的部位）、验证（检查磨损情况）、缝合，这样的机会很值得珍惜。”

皮姆沉浸在织补中。她的身影仿佛让解剖室的空气流动得更加平稳，如此近距离接触学生们，应该也会让她的内心平静吧，温盖特博士分析道。

第7篇 T恤织补术

夏天的T恤随便洗洗就可以继续穿，但很快就变形了。
只在领口周围和袖口等部位做织补，就会改变效果，也让衣服重新给人一种新鲜感。

Repairmake 45

背心

受损情况：
污渍和小洞
使用线：拉菲草

How to make

做芝麻盐织补(p.13)和锁链绣织补(p.47)，遮住受损的地方，并沿着衣服上的图案继续织补。

拉菲草是用酒椰纤维制成的天然线材，可以把它劈成喜欢的粗细使用。不用处理线头，可营造出流苏般的感觉。

Repairmake 46

T恤

受损情况：
长年穿，领口有磨损
使用线：刺绣线
How to make
在领口边缘做芝麻盐织补(p.13)
和锁链绣（p.47）

Repairmake 47

保罗衫

受损情况：
挂破的洞
使用线：刺子绣线、刺绣线
How to make
纯棉保罗衫使用棉质绣线，做芝麻盐织补+四边形织补（p.20）。

Repairmake 48

T恤

受损情况：
挂破的洞
使用线：刺绣用的金银丝线、珠子
How to make
做四边形织补（p.16），并用珠子进行点缀。四边形织补周围做芝麻盐织补（p.13），以更好地和衣服贴合。

Repairmake 49

T恤

受损情况：
长年穿，领边有磨损
使用线：疏缝线
How to make
使用柔软、亲肤的疏缝线做芝麻盐织补（p.13）。

第8篇　童装织补术

小孩子的衣服很容易这里破个洞那里沾上脏东西，这些问题也可以用织补术解决。
还可以加上喜欢的徽章布贴或贴布。

Repairmake
50

T恤

受损情况：
好多小洞和污渍
使用线：刺子绣线、手缝线

How to make
整体设计四边形织补（p.16）、三角形、L形（p.22、23）等织补图案。

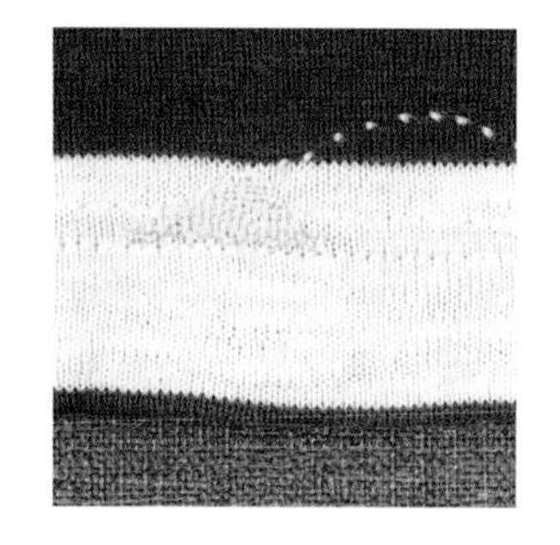

长袖T恤用同色系线材织补，短袖长T恤则用黄色的撞色蓝色织补。因为有多处破损，所以设计了不同形状的织补针迹，像零星点缀的图案。裤子的膝盖做三角形和L形织补，平添几分可爱。

Repairmake
51

T恤

受损情况：
断线和挂线造成的小洞
使用线：刺绣线

How to make

小洞用四边形织补（p.16）的图案覆盖，周围略有磨损的地方做芝麻盐织补（p.13）。

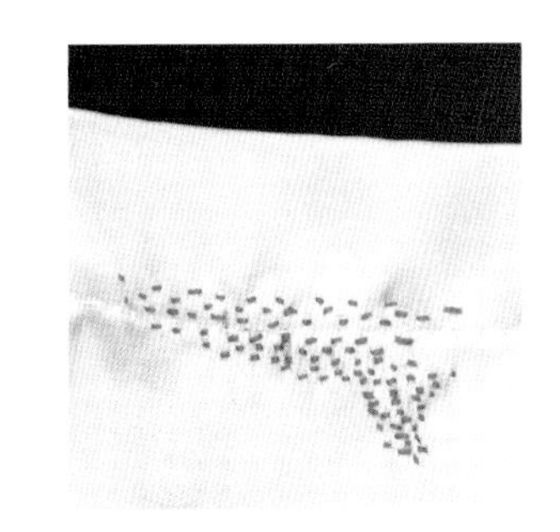

Repairmake
52

长裤

受损情况：
膝盖上的破洞
使用线：
细毛线、中细毛线、极细马海毛线
（毛线中也可以混合锦纶或腈纶材质）

How to make

织补方法参照p.22。

Repairmake
53

羽绒服

受损情况：
衣领和边缘褪色了
使用线：刺子绣线

How to make
沿着褪色的区域，做蜂窝织补。

利用褪色部分的形状，结合胸前徽章布贴的颜色，使用颜色鲜亮的橙色刺子绣线做蜂窝织补。只需绣出大小不同的简单的椭圆形图案即可。

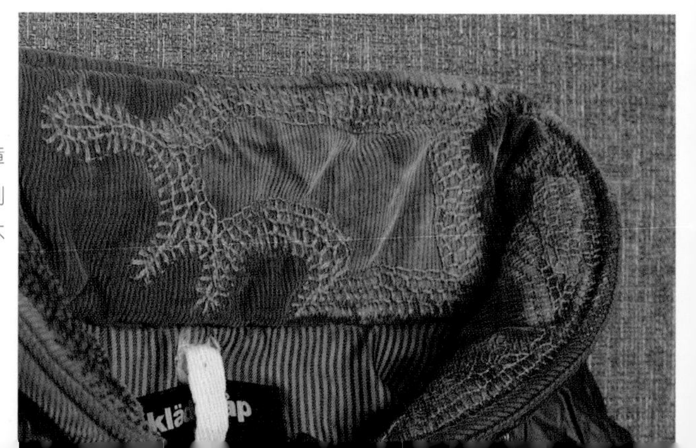

Repairmake
54

背带裤

受损情况：
膝盖周围有破洞
使用线：刺子绣线、黑白纹麻线

How to make

用记号笔在破洞周围画圆。沿着圆形轮廓做一圈平针缝，然后缝纵线遮住平针缝的针迹，做四边形织补（p.22）。

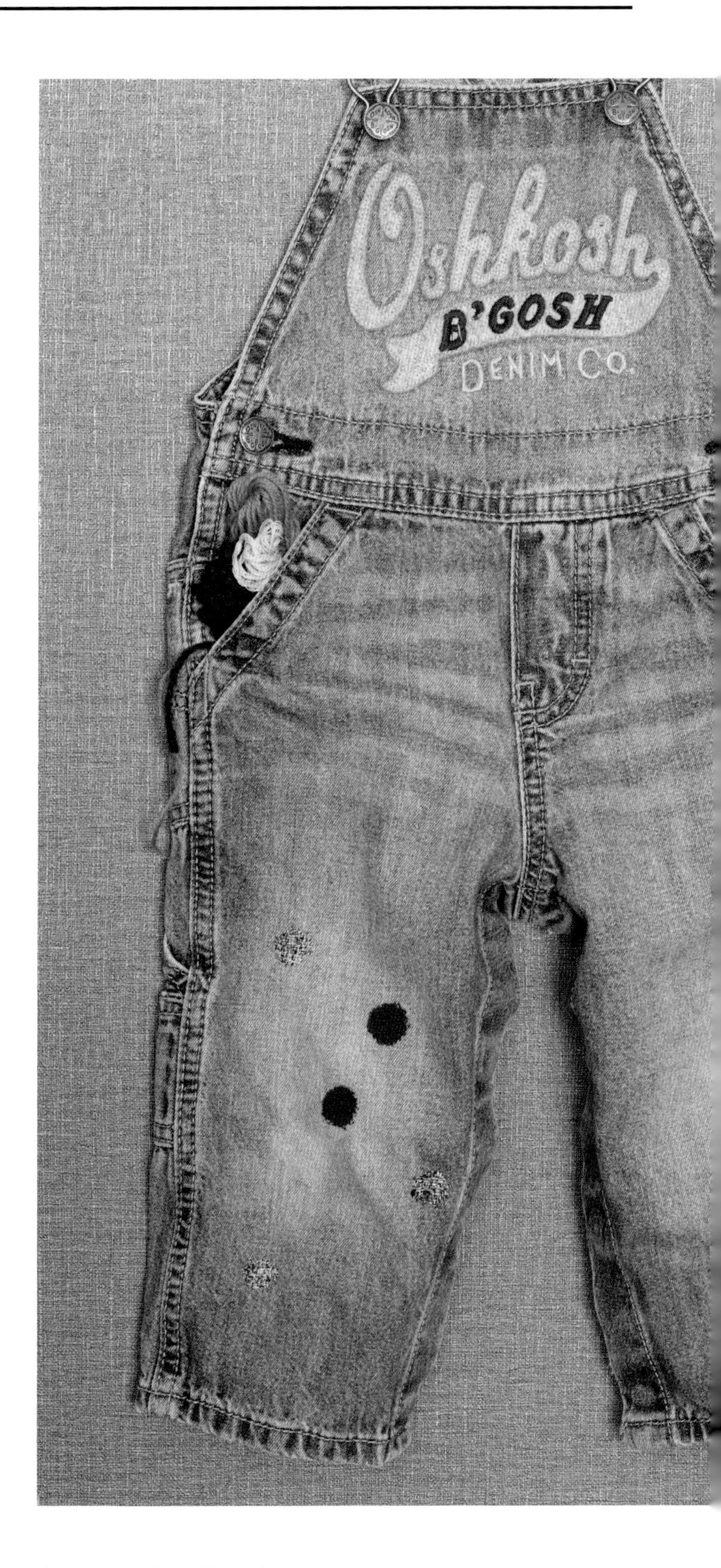

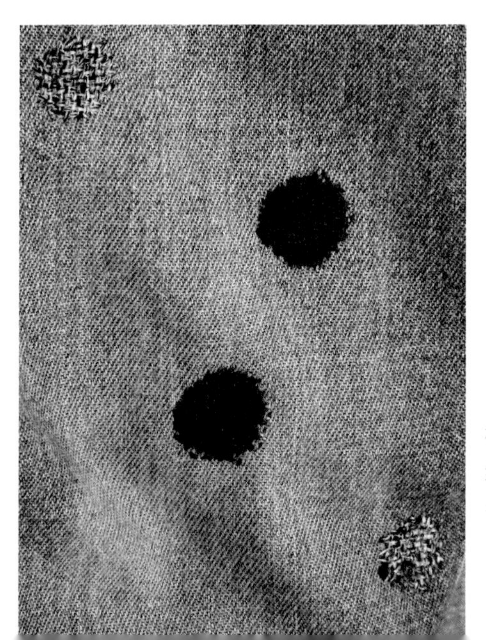

根据牛仔裤的风格，选择棉质刺子绣线和麻线做织补。波点图案和牛仔风很搭配。

第9篇　居家布艺织补术

只要是布艺品，居家装饰也可以用织补术来修复。
桌布、毯子、靠垫、沙发等，用结实耐用的线来修补吧。

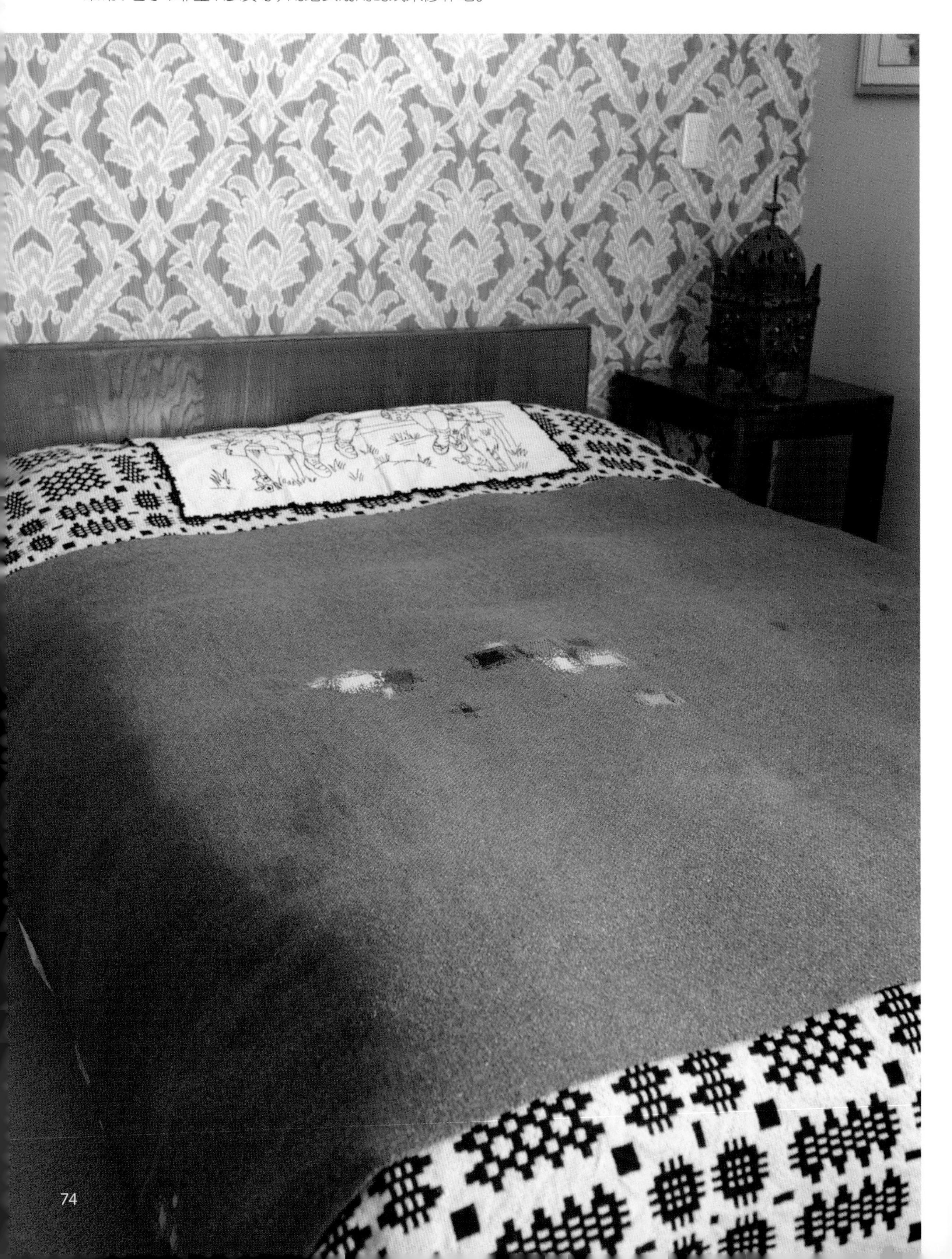

长年折叠着，露在外面的边角磨损得很厉害。因为面料较厚，用中细、中粗、粗等各种毛线快速织补。选择和灰色底色搭配很显眼的颜色进行织补。

Repairmake
55

毯子

受损情况：
常年用，老化了，
还有虫蛀
使用线：
极细、细、粗毛线和马海毛线

How to make
在破损的地方做芝麻盐织补+四边形织补（p.20）。边缘磨损的地方用芝麻盐织补（p.13）加固。

Repairmake
56

台布

受损情况：
有裂口
使用线：麻线

How to make

在破损的地方做芝麻盐织补＋四边形织补（p.20）。为了贴合桌布上的十字绣图案，选择质朴的麻线做织补。

Repairmake
57

地毯

受损情况：
猫抓坏的地方和大洞
使用线：设得兰羊毛线

How to make

做芝麻盐织补+四边形织补（p.20）。边缘做锁边绣（p.49）。大洞用底部圆润、平整的容器辅助做织补。

有宠物的家里，布艺材质的各种家居用品经常被抓坏。用芝麻盐织补+四边形织补，还可以修复大面积的破损。反面（右下图）也非常漂亮哟。

沙发

受损情况：
常年用，老化了，
还有猫抓坏的地方
使用线：马海毛线

How to make

用刺绣布盖住破损的地方，在周围做十字形刺绣。

天鹅绒面料的古香古色的沙发，破损的地方用带图案的绣布装饰。缝补沙发，用U形针比较方便。

Repairmake
59

靠垫

受损情况：
常年用，大面积老化
使用线：刺子绣线

How to make
从破损处的中心开始一圈圈向外做手鼓绣织补（p.49），并在周围一圈圈地做芝麻盐织补（p.13）。

破损面积较大时，建议使用手鼓绣织补技法。手鼓绣织补痕迹可以作为图案使用，还能根据自己的时间多刺绣几处，享受自由织补的乐趣。

第10篇　外出小物织补术

用细线修补薄薄的披肩，用和纸修补黄麻材质的手提包。
根据外出携带小物的材质，来选择用线和织补技法吧。

Repairmake
60

薄披肩

受损情况：
挂线、脱纱了
使用线：
机缝丝线、机缝金银丝线
How to make
细细密密地做英式织补（p.24），让针迹和面料融合在一起。

Repairmake
61

拎包

受损情况：
常年使用，提手老化，
有污渍
使用线：麻刺绣线
How to make
提手做芝麻盐织补（p.13），包身污渍的地方做手鼓绣织补（p.49）。

整体看一下织补图案，根据需要可以增加织补图案，以达到设计上的和谐感。

Repairmake
63

拎包

受损情况：
常年使用，变形了
使用线：和纸
How to make
沿着黄麻线的针目，将横线缝在心形里。

Repairmake
62

帽子

受损情况：
原因不明的变色
使用线：和纸
How to make
用手鼓绣织补技法一圈一圈地刺绣。如果线不够用，换色继续刺绣。

黄麻材质的手拎包，使用和黄麻非常协调的和纸做织补。选择炭灰色线，心形图案看起来不会过于甜美。

织补用线的选择方法

织补时，家里的线可以随便用。
市面上有那么多线，用这些线完成有自己风格的设计，着实有趣。
下面介绍一下各种线的特色，以及它们所适合的面料，希望能帮助大家更好地体验织补术。

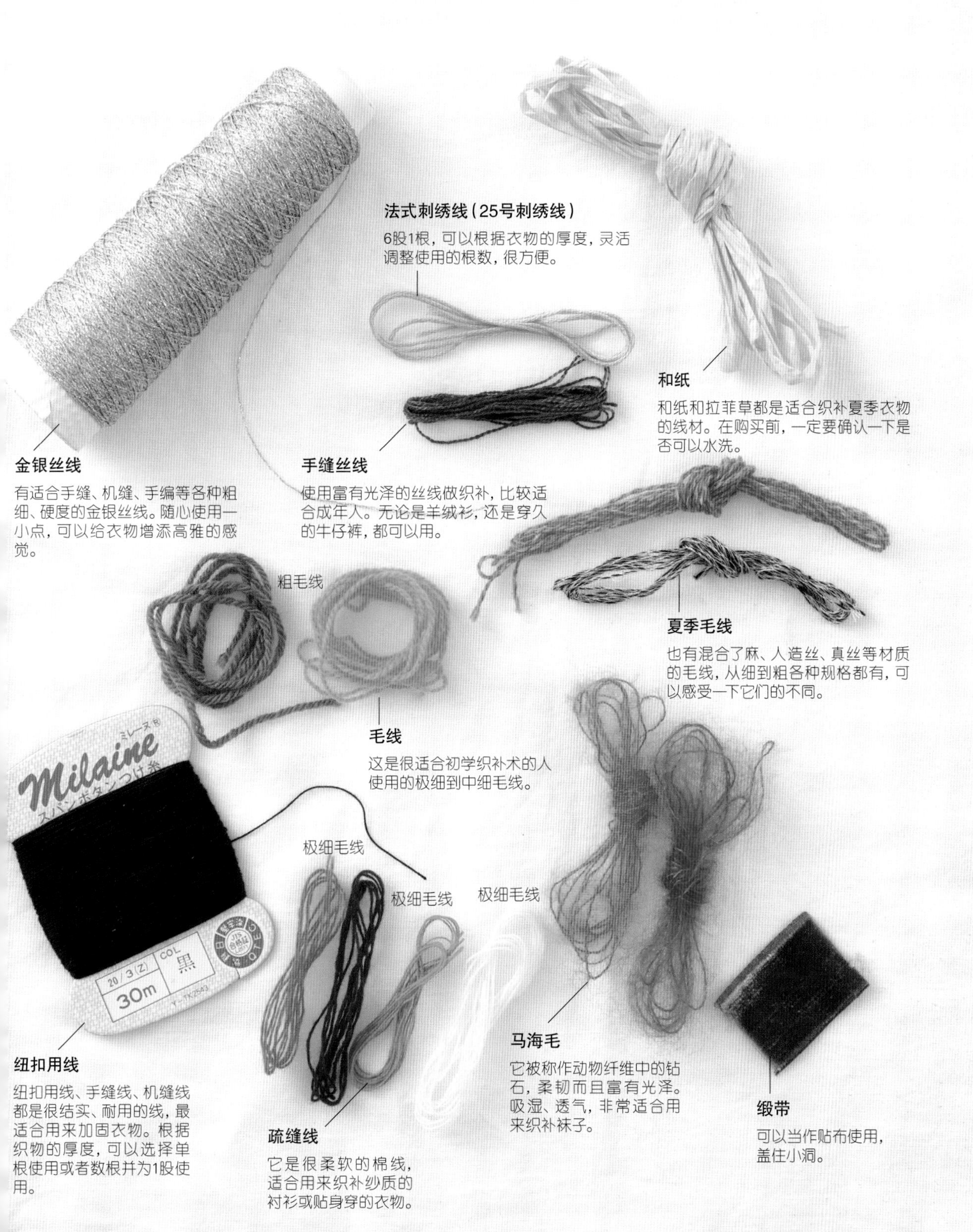

法式刺绣线（25号刺绣线）

6股1根，可以根据衣物的厚度，灵活调整使用的根数，很方便。

和纸

和纸和拉菲草都是适合织补夏季衣物的线材。在购买前，一定要确认一下是否可以水洗。

金银丝线

有适合手缝、机缝、手编等各种粗细、硬度的金银丝线。随心使用一小点，可以给衣物增添高雅的感觉。

手缝丝线

使用富有光泽的丝线做织补，比较适合成年人。无论是羊绒衫，还是穿久的牛仔裤，都可以用。

夏季毛线

也有混合了麻、人造丝、真丝等材质的毛线，从细到粗各种规格都有，可以感受一下它们的不同。

毛线

这是很适合初学织补术的人使用的极细到中细毛线。

纽扣用线

纽扣用线、手缝线、机缝线都是很结实、耐用的线，最适合用来加固衣物。根据织物的厚度，可以选择单根使用或者数根并为1股使用。

疏缝线

它是很柔软的棉线，适合用来织补纱质的衬衫或贴身穿的衣物。

马海毛

它被称作动物纤维中的钻石，柔韧而且富有光泽。吸湿、透气，非常适合用来织补袜子。

缎带

可以当作贴布使用，盖住小洞。

Sampler

knit wear

羊毛衫样本

羊毛衫无论是用毛线织补，
还是用棉线织补，都可以体现线材本身的质感。

线和衣物的搭配方法❶

羊毛衫和羊绒衫

羊毛衫最适合用羊毛线织补，羊绒衫最适合用羊绒线织补，这是毋庸置疑的。但我特意尝试了其他线材。在柔软的毛衣上，使用涩涩的麻质刺绣线；在轻柔的羊绒衫上使用有些粗糙的设得兰羊毛线，还有起毛的马海毛线，等等。细线通常能很好地融合于衣物，而颜色反差明显的粗线，会很有设计感。

锁边绣

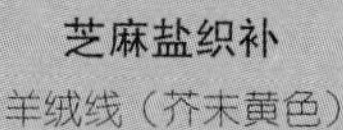

芝麻盐织补

羊绒线（芥末黄色）

手风琴织补

纵线…粗花呢线（米色）
横线…机缝丝线（橙色）

英式织补

纵线、横线…
丝线（橄榄绿色）

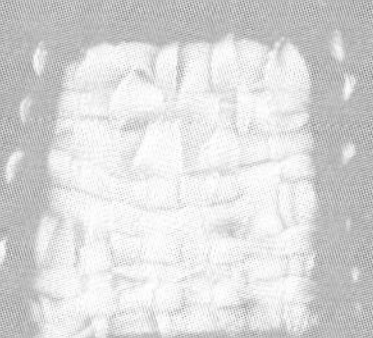

四边形织补

纵线、横线…
丝带线（金色）

手鼓绣织补

化纤毛线（金色）

芝麻盐织补

疏缝线（绿色）

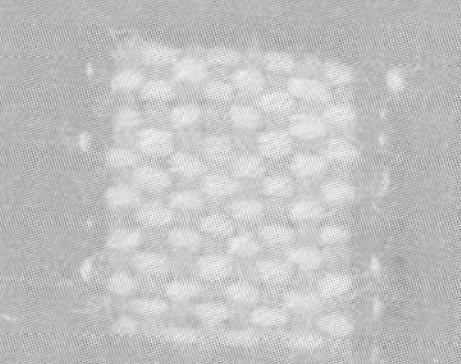

四边形织补

纵线…中细毛线（蓝色）
横线…中细毛线（浅蓝色）

四边形织补

横线、纵线…中细毛线（丁香紫色）

四边形织补

纵线、横线…
极细马海毛线（红色）

四边形织补

纵线、横线…
羊绒线（芥末黄色）
※横线连续2次
从2根纵线下方穿过

四边形织补

纵线、横线…
纯棉蕾丝线（砖红色）

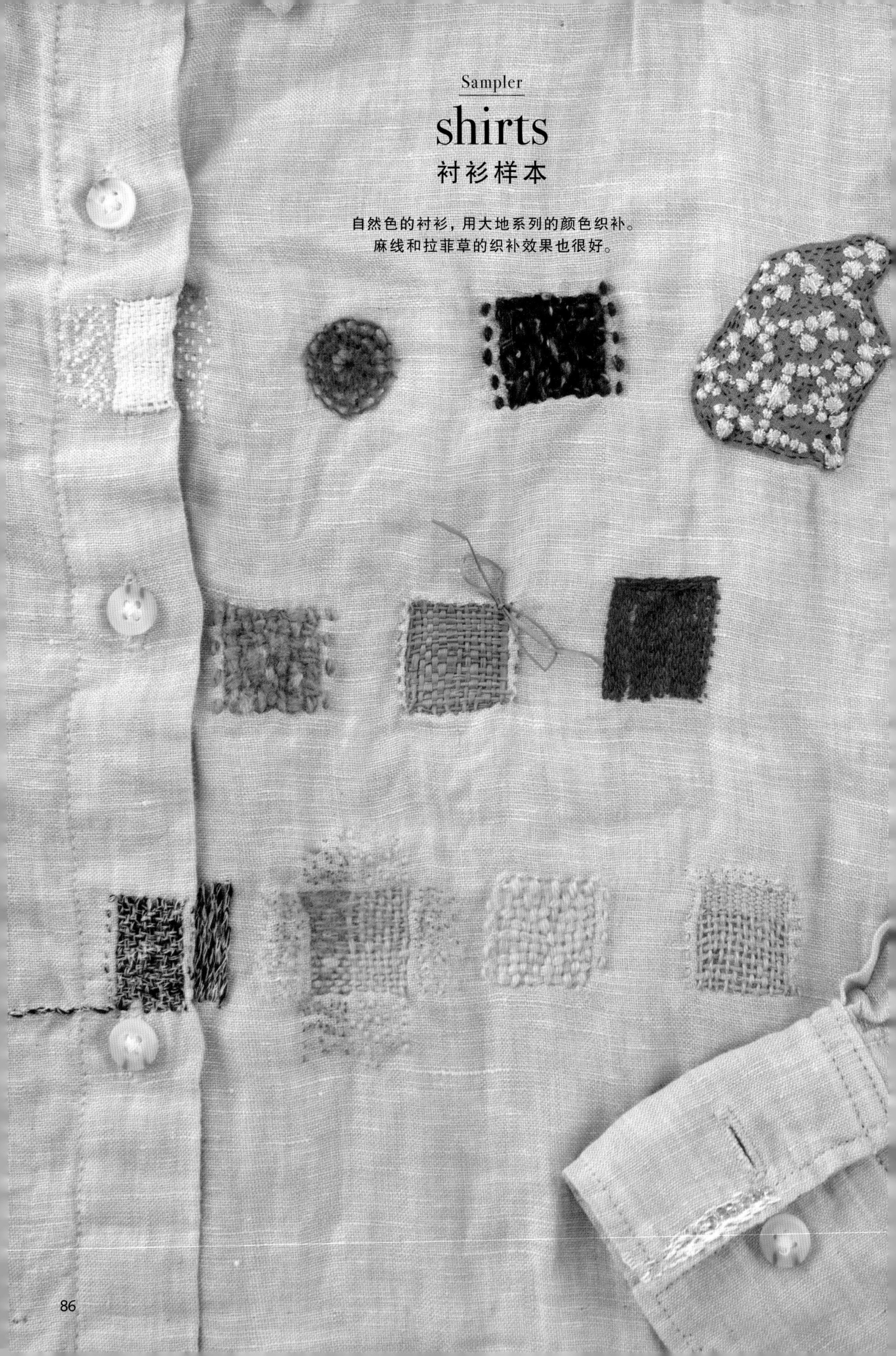

Sampler

shirts

衬衫样本

自然色的衬衫，用大地系列的颜色织补。
麻线和拉菲草的织补效果也很好。

线和衣物的搭配方法❷

衬衫和丝光织物

弹性差的衣物，织补起来比较困难，因为它们的织线密实所以很难入针。如果还没掌握织补术，可以先用刺绣线、手缝线、机缝线等比较光滑的线试试。根据衣物的厚度和针号大小，可以选择1根、2根或3根机缝线织补。另外，疏缝线比较柔软，适合棉纱等柔软的衣物。比较厚的衬衫和丝光衣物，最适合使用结实的刺子绣线。

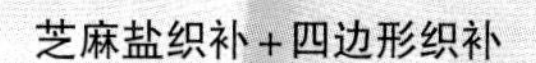

芝麻盐织补＋四边形织补

纵线、横线…25号刺绣线（白色）

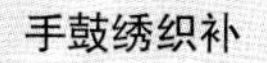

手鼓绣织补

极细马海毛线（灰色）

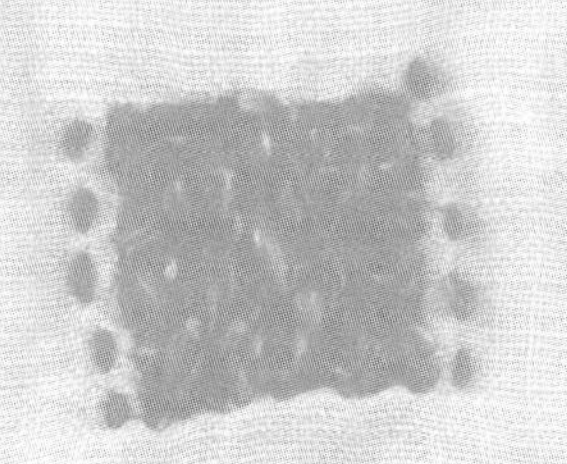

四边形织补

纵线、横线…粗花呢线（黑色）

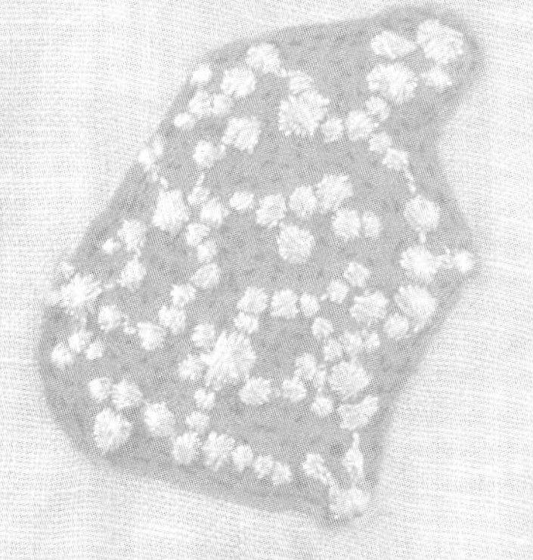

在上面贴布和芝麻盐织补

金属机缝线（黑色）

四边形织补

纵线、横线…
中粗粗花呢线（自然色）

四边形织补

纵线、横线…
拉菲草（丁香紫色）

锁链绣

纵线、横线…
棉线（孔雀蓝色）

芝麻盐织补、反面

四边形织补

纵线、横线…
夏季毛线（黑色、白色）

芝麻盐织补＋四边形织补

纵线…
马海毛线（蓝灰色）
羊绒线（浅蓝色）
横线…
真丝马海毛线（丁香紫色）
羊绒线（浅蓝色）

四边形织补

纵线、横线…
中细毛线（奶油色）

四边形织补

纵线…麻线
横线…
机缝麻线、丝线（自然色）

芝麻盐织补、反面

15号刺绣线（白色）、珠子（银色）

Sampler

polo shirts

保罗衫样本

经典的海军蓝色保罗衫，可以选择各种颜色的线织补。
羊毛线、棉线、亚麻线都可以。

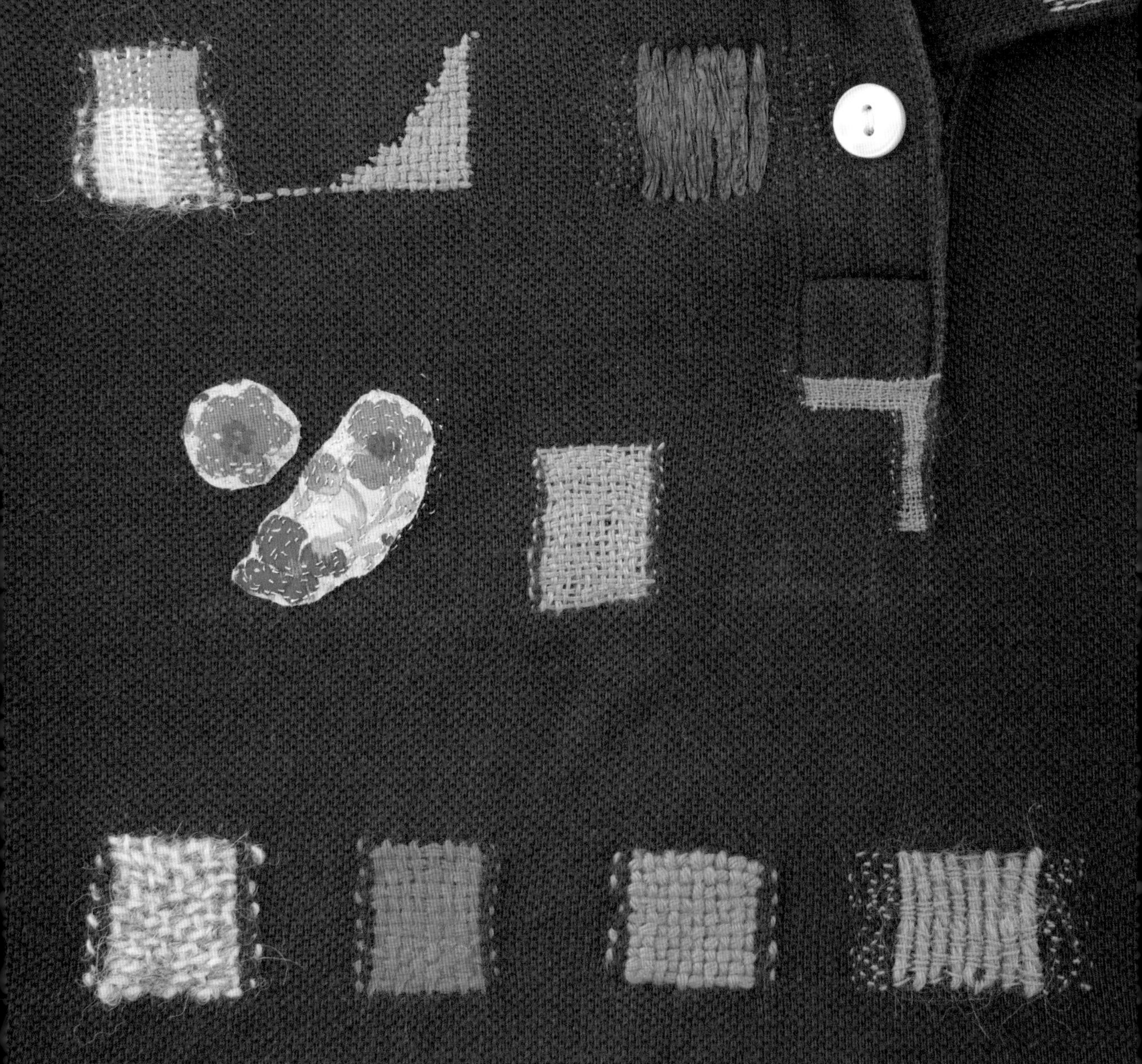

线和衣物的搭配方法❸

保罗衫、T恤、衬衫、吸汗衫

弹性好的棉布衣物，最适合棉、麻等天然纤维线。比如，刺绣线、手缝棉线、疏缝线、刺子绣线等。另外，和纸和拉菲草也可以凸显衣物的质感，起到很好的装饰效果。当然，T恤也可以用羊毛线织补。洗涤后，羊毛线会收缩，给衬衫带来的变化很有趣。毛袜最适合用有韧性、吸汗的极细马海毛线。

芝麻盐织补·反面
机缝线（丁香紫色）

四边形织补
纵线、横线…
25号刺绣线取2根（橙色）、
极细马海毛线（黄色）

变化的四边形织补
纵线、横线…
夏季毛线（绿色）

手风琴织补
纵线…和纸（海军蓝色）
横线…25号刺绣线（红色）

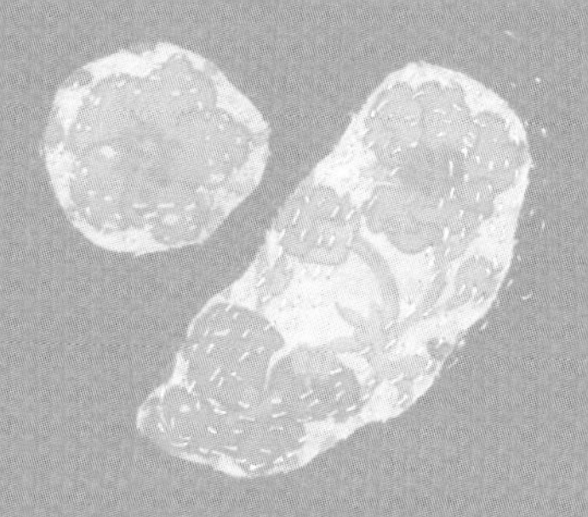

在上面贴布和芝麻盐织补
机缝线（浅粉色、银色）

四边形织补
纵线、横线…
2股亚麻刺绣线（灰色）

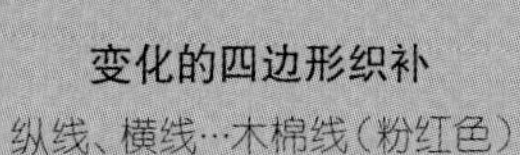

变化的四边形织补
纵线、横线…木棉线（粉红色）

四边形织补
纵线、横线…
细毛线（白色、灰色）

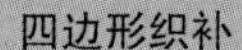

四边形织补
纵线、横线…
极细毛线3根（橙色）

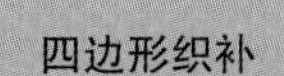

四边形织补
纵线、横线…夏季毛线（蓝色）

芝麻盐织补＋四边形织补
纵线…极粗毛线（草绿色）
横线…疏缝线（绿色）

Sampler

denim
牛仔裤样本

牛仔布很适合做织补，
可以自由使用喜欢的线材。
破洞还可以活用贴布。

线和衣物的搭配方法❹

牛仔裤

牛仔布可以和任何线材、任何颜色搭配。穿久的牛仔裤会变软，反而更容易织补。不仅是棉线、麻线，羊毛线、马海毛线、羊绒线等动物纤维线，以及人造丝、真丝等富有光泽的线，还有金银丝线、缎带，都很棒。修补后，周围的面料相对没那么牢固了，这时可以稍微和原先织补的地方交叉一点，继续进行织补以加固。同时，这也让织补的针迹更加协调。

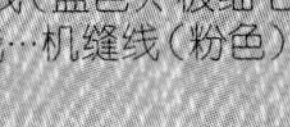

手风琴织补

纵线…中细毛线（蓝色）、极细毛线（黄色）
横线…机缝线（粉色）

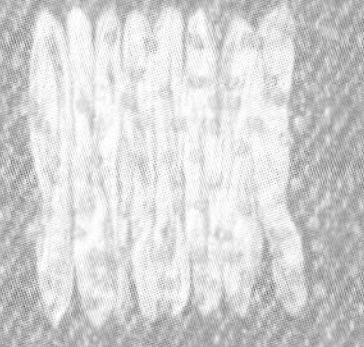

手风琴织补

纵线…和纸（原白色）
横线…丝线（橙色）

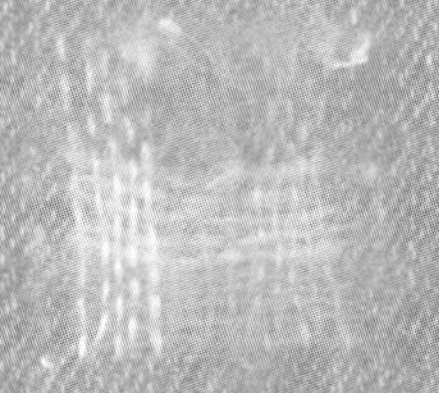

四边形织补

纵线、横线…
极细马海毛线（段染）

在上面贴布和芝麻盐织补

金属机缝线（银色）
珠子（灰色）

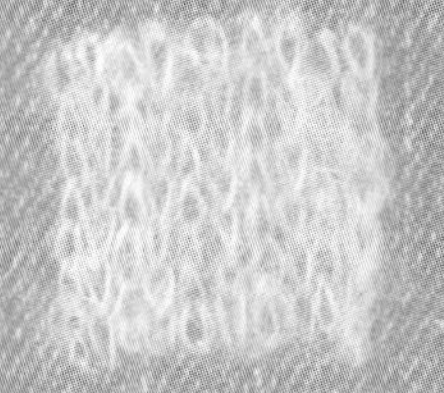

锁链绣

极细马海毛线（浅灰色）

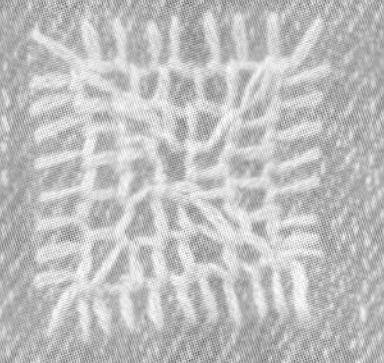

蜂窝织补

25号刺绣线取2股（黄绿色）

芝麻盐织补＋四边形织补

纵线、横线…刺子绣线（段染）

四边形织补

纵线、横线…中细毛线（浅蓝色）

四边形织补

纵线、横线…
羊毛线＋棉线（粉色）

四边形织补

纵线、横线…
夏季毛线（淡灰色）

四边形织补

纵线…
拉菲草（橙色）
横线…
拉菲草（橙色、灰色）

在下面贴布和芝麻盐织补、反面

金属机缝线（金色）

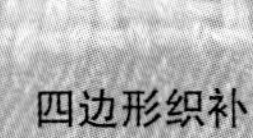

芝麻盐织补

2股、25号刺绣线（黄绿色）

牛仔裤和袜子织补图案集

多处磨损的牛仔裤和袜子。
下面介绍前文没有涉及的细节处的织补方法。
希望能给大家启发。

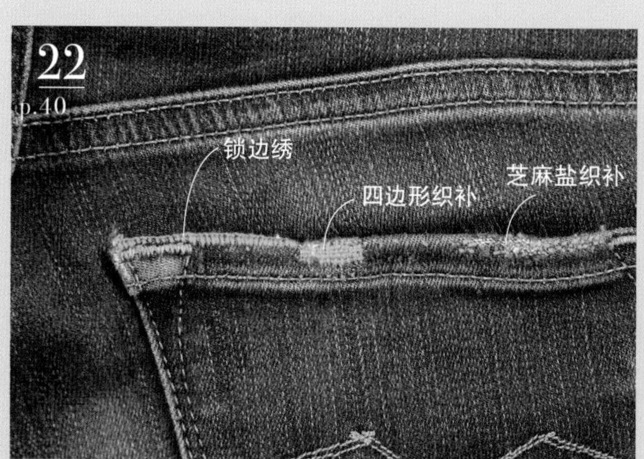

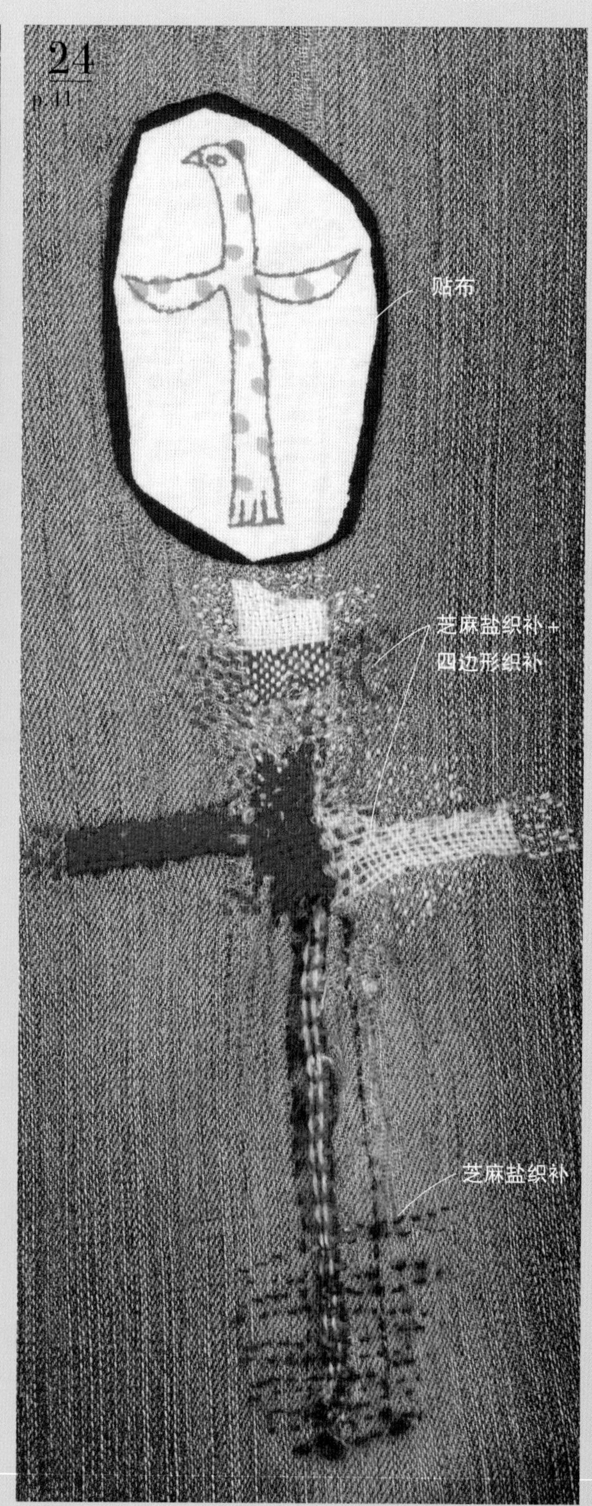

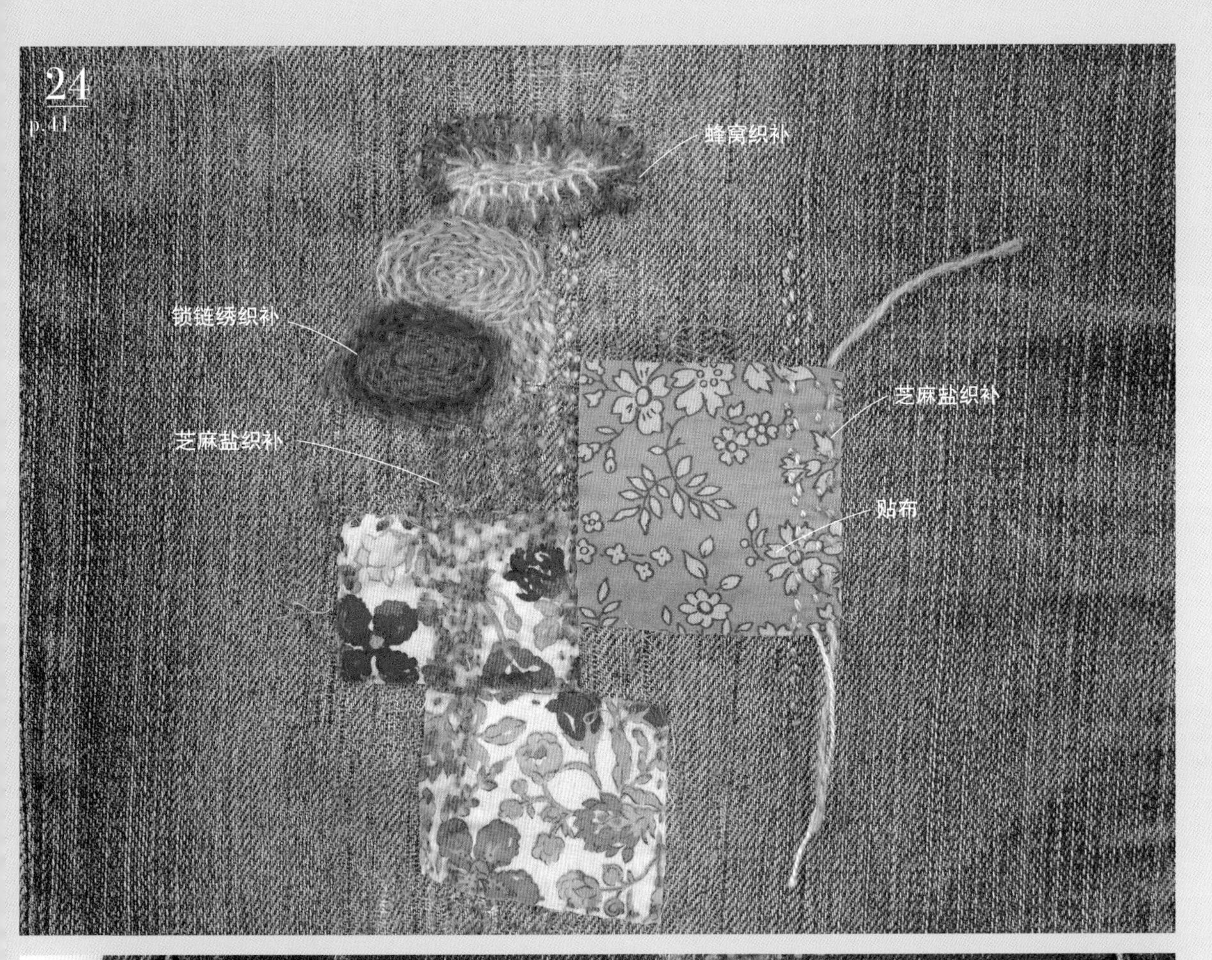
24
p.41
蜂窝织补
锁链绣织补
芝麻盐织补
芝麻盐织补
贴布

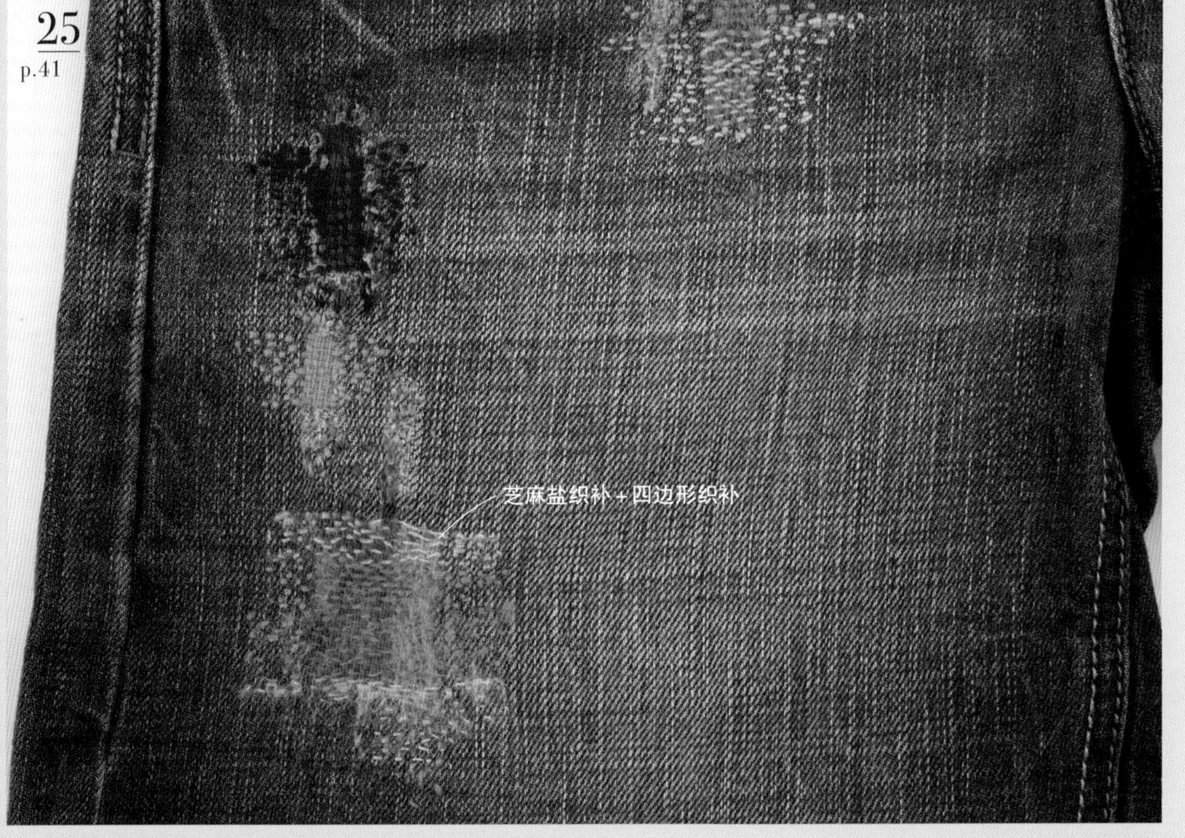
25
p.41
芝麻盐织补＋四边形织补

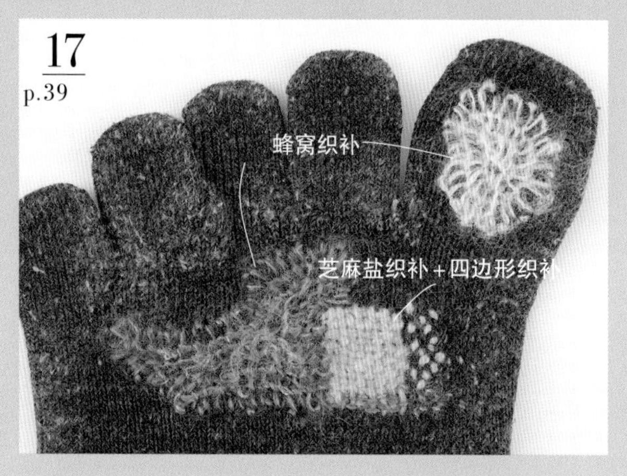
17
p.39
蜂窝织补
芝麻盐织补＋四边形织补

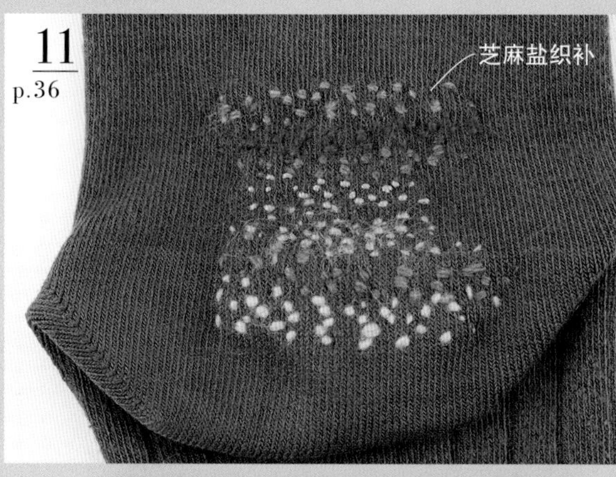
11
p.36
芝麻盐织补

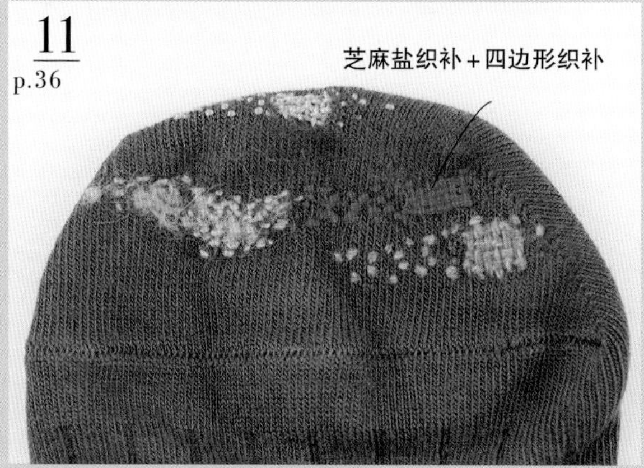
11
p.36
芝麻盐织补＋四边形织补

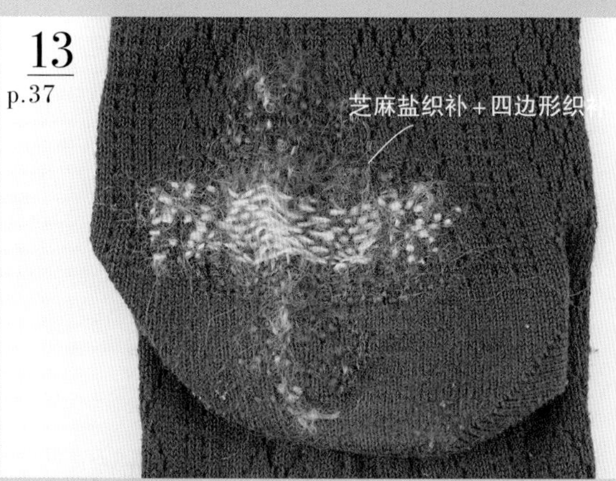
13
p.37
芝麻盐织补＋四边形织补

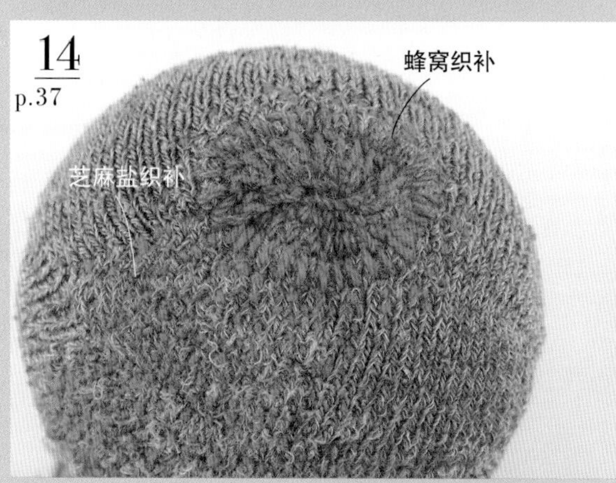
14
p.37
蜂窝织补
芝麻盐织补

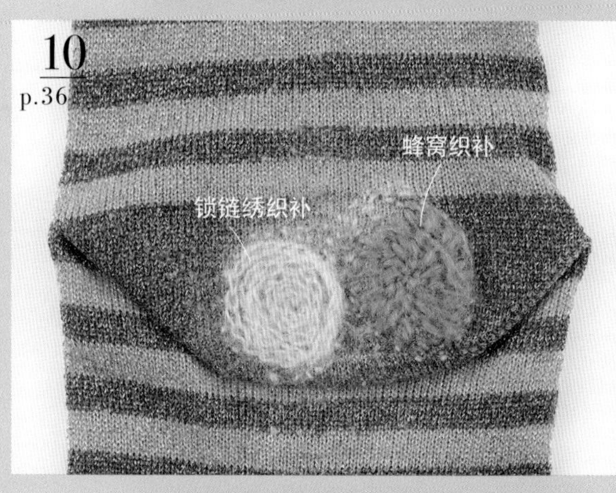
10
p.36
蜂窝织补
锁链绣织补

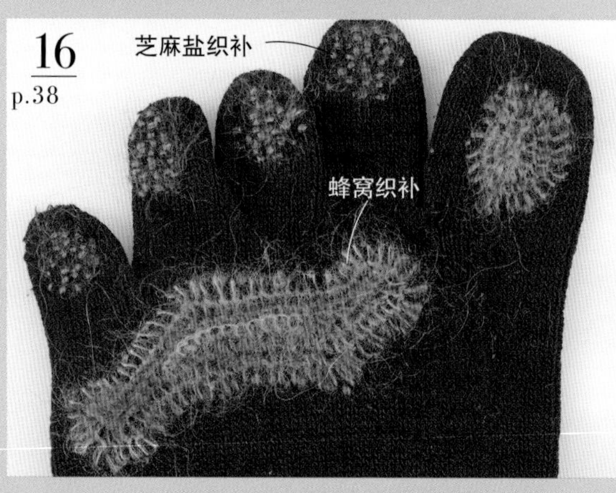
16
p.38
芝麻盐织补
蜂窝织补

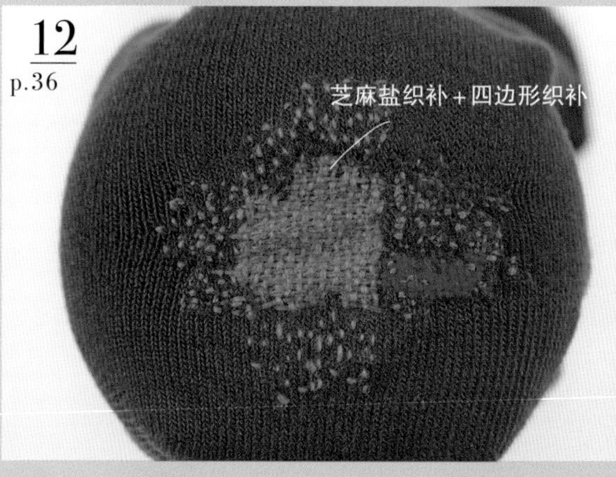
12
p.36
芝麻盐织补＋四边形织补

结语

虽说“在1000日元就能买到三双袜子的时代，不会有人想把破袜子补补再穿”，最近五年我却有幸给多到令人吃惊的人传授织补术。虽然人们在努力过着断舍离的生活，但总有一些特别的衣物“虽然已经很破了，还是舍不得扔”，大家心怀一种期待参加了讲习班。我有幸听到这些衣物背后的一个个故事，或者是母亲留给自己的，或者是想用掉闲置已久的裁剪辅料等。这些宝贵的际遇，促使我不断研究新的织补技巧、线的选择方法、用法等。本书中介绍的63例织补案例，根据衣物不同的磨损情况，线、针迹、颜色、形状的选择也非常自由。织补术，延长了衣物的寿命。再用久一点，不，想再用很久很久。虽然心中这样祈祷着，但决定衣物寿命的，正是你自己。希望织补术能够成为越来越多人生活中的朋友。

长期以来支持我的织补术的《毛线球》编辑部的原总编辑青木久美子女士，生活方式设计师、住宅装饰设计师、DIY生活方式引领者石井佳苗女士，还有为本书出版提供一系列破损衣物的mina perhonen品牌的全体工作人员、日本宝库社的全体工作人员、Keito毛线店的全体工作人员，以及赤岩智美、手塚真木子、小健、久保、裕美等负责衣服修补的人员等，再次衷心地感谢你们！

野口 光

野口 光
编织设计师。创立“hikar
noguchi”品牌。从武藏野美
大学毕业后，在英国皇家艺
学院的纺织设计专业深造。
伦敦为舞台，从居家装饰
时尚界，不断发表编织设计
品。在世界各地进行与纺织
关的设计，做专家、顾问、
笔人等，活动领域很广。近
来十分关注织补术，在各地
办讲习班。设计了原创的织
蘑菇、织补用线。文章和作
时常刊登于《毛线球》中。

主页
http://hikarunoguchi.com/
工作室和原创商品信息
https://darning.net/
Instagram
hikaru_noguchi_design

图书在版编目（CIP）数据

妙手生花：野口光的神奇衣物织补术 /（日）野口 光著；如鱼得水译. —郑州：河南科学技术出版社，2021.4（2024.6重印）
ISBN 978-7-5725-0345-0

Ⅰ. ①妙…　Ⅱ. ①野…　②如…　Ⅲ. ①服装缝制　Ⅳ. ①TS941.634

中国版本图书馆CIP数据核字(2021)第039573号

出版发行：河南科学技术出版社
地址：郑州市郑东新区祥盛街27号　邮编：450016
电话：（0371）65737028　65788613
网址：www.hnstp.cn
策划编辑：刘　欣
责任编辑：刘　欣
责任校对：马晓灿
封面设计：张　伟
责任印制：张艳芳
印　刷：河南新达彩印有限公司
经　销：全国新华书店
开　本：787 mm × 1 092 mm　1/16　印张：6　字数：120千字
版　次：2021年4月第1版　2024年6月第3次印刷
定　价：49.00元